U0378169

人工智能与用户体验

以人为本的设计

[美] 刘嘉闻（Gavin Lew） 罗伯特·舒马赫（Robert M. Schumacher Jr.） 著

周子衿 译

清华大学出版社

北 京

内容简介

本书结合人工智能崛起的大背景，讲述了如何从人机交互的角度来设计 AI 产品
务，如何让 AI 真正赋能于人。只有真正对人们有用，AI 才能迎来真正的春天。

本书是一本科普书，尤其适合对 AI 及其未来影响感兴趣的读者，包括涉及 AI 产
服务的设计师和产品经理以及对 AI 感兴趣的未来学家和技术爱好者等。

北京市版权局著作权合同登记号 图字：01-2021-3118

First published in English under the title
AI and UX: Why Artificial Intelligence Needs User Experience
by Gavin Lew, Robert M. Schumacher Jr., edition: 1

图书在版编目 (CIP) 数据

人工智能与用户体验：以人为本的设计 /（美）刘嘉闻（Gavin Lew），（美）罗伯
马赫（Robert M. Schumacher Jr.）著；周子衿译 . —北京：清华大学出版社，2021.9

书名原文：AI and UX：Why Artificial Intelligence Needs User Experience

ISBN 978-7-302-58863-4

Ⅰ . ①人… Ⅱ . ①刘… ②罗… ③周… Ⅲ . ①人工智能—应用—产品设计—
Ⅳ . ① TB472

中国版本图书馆 CIP 数据核字（2021）第 159589 号

责任编辑：文开琪
封面设计：李　坤
责任校对：周剑云
责任印制：杨　艳
出版发行：清华大学出版社
　　网　址：http://www.tup.com.cn，http://www.wqbook.com
　　地　址：北京清华大学学研大厦 A 座　　邮　编：100084
　　社 总 机：010-62770175　　邮　购：010-62786544
　　投稿与读者服务：010-62776969，c-service@tup.tsinghua.edu.cn
　　质量反馈：010-62772015，zhiliang@tup.tsinghua.edu.cn
印 装 者：三河市东方印刷有限公司
经　销：全国新华书店
开　本：110mm×165mm　　印　张：6.875　　字　数：129 千字
版　次：2021 年 9 月第 1 版　　印　次：2021 年 9 月第 1 次
定　价：59.80 元

产品编号：091644-01

前言

我们的观点与偏见

我们两个作者都在足够长的时间里见证了技术的发展，从《大众机械》[1]的广告直邮 Heathkit 计算机[2]开始，一直到今天，技术在我们的日常生活中无处不在。更何况，我们都还不至于太老嘛！

计算的进步如此之快，以至于用户经常被简单地视为交互接口，负责输入 / 输出。用户必须要适应系统，而不是围绕着用户现有的技能、知识和能力来构建系统。作为用户体验 (UX) 专家，我们认为我们的工作对人类生活很重要。这是我们在专业和个人方面的动力。20 世纪 90 年代，我们在 Ameritech（贝尔系统解体后成立的七个区域贝尔运营公司之一）一起工作时，致力于通过改善 UX 来助力产品成功。我们在评估产品时，经常停下来摇头叹息，忍不住陷入思考：“为什么有人会把产品设计成这样？”

简而言之，我们认为，用户体验很重要。我们希望这个世界能够变得对人类更友好一些。

---

1 译者注：大众类科学和技术杂志，以汽车、家庭、户外、电子、科学、DIY 和技术为主题。还有军事主题，包括各种类型的航空和运输，空间、工具和小工具等常见话题。1902 年 1 月创刊，创始人亨利·哈文·温莎（Henry Haven Windsor），是《大众机械》的编辑兼出版人。

2 译者注：1963 年，Heath 生产和销售教学工具 Heathkit EC-1ji。20 世纪 70 年代和 80 年代是电子爱好者的黄金时代，直到 20 世纪 90 年代初。

我们坚定地认为，必须从用户体验（UX）的角度出发，人工智能（AI）才能取得更大的成功。人工智能需要专注于用户体验，才能变得更好。

用户体验（UX）有着多样化的基因，其中最显著的就是心理学。我们两个作者都接受过实验心理学家的教育，但在此过程中，我们对计算机科学（尤其是AI）有过大量的接触。文化在计算领域的匮乏，很多人容易被Eliza[1]这样的聊天机器人所吸引。这种程序看似在和你交谈，并使你相信AI有一个美好的明天。刚开始接触的时候，你会觉得它既神秘又神奇。但在剥开层层面纱之后，我们看到了它的本质：代码。我们觉得，更聪明的计算实际上只不过是一些取巧的、往往只是愚弄用户的代码。当然，这并不是说计算机科学家不老实，他们显然知道，这些机器并不能真正进行思考。

但那些不理解的人（记者和我们中的其他人）可能已经对AI能做的事情失去了兴趣。在公众面前过度炒作，付出的代价是让人们对AI失去了本来应该有的信心和信任。

1 译者注：麻省理工学院人工智能实验室开发的早期人机交互系统，世界上第一款文本聊天机器人（Weizenbaum，1966），在控制范围内通过了图灵测试（Turing, 1950；Shieber, 1994）。Eliza可以根据人工设计的脚本与人类交流，这些脚本模仿的是罗杰斯学派心理治疗师，而且只接受文本输入。它并不理解对话内容，只是通过模式匹配和智能短语来搜索合适的回复。Eliza的知识范围有限，只能和特定领域的人聊天。尽管如此，在她刚出现的时候，很多用户都误以为自己是在和真人进行对话。更多详情可以参见沈向洋长文，标题为“从Eliza到小冰，社交对话机器人的机遇和挑战”，网址为https://www.36kr.com/p/1722163036161。（检索日期2021年7月20日）

有几个例子都已经证明，之所以失去信任，部分原因是 AI 经常得不到精心的打磨。开发者的想法有时很简单："AI 引擎工作起来了，好耶！"但是，他们并不怎么关注最终用户如何从 AI 工具中受益，或者说他们并不在意 AI 如何赋能于用户。人类是缺乏耐心和善变的生物；除非很早就看到好处，否则一般不会投入足够的时间或注意力来欣赏 AI 真正有哪些本事。然而，现实就是如此骨感。

糟糕的用户体验还可能殃及整个 AI 生态。人工智能再度崛起，我们没有办法回到过去没有 AI 的时代。更糟的是，一次糟糕的体验会使用户对整个产品生态留下不好的印象。

AI 这些失败的体验与我们看到的由于产品设计用户体验不佳而导致的失败相比，有着显著的相似之处。糟糕的体验意味着糟糕的看法，如果用的人少，AI 产品和服务以失败告终就是 AI 最后的宿命。

但就 AI 来说，我们经常也看到一个不一样的地方，一些平常很有主见的人会因为AI超出了自己的理解范围，所以愿意给 AI 一个机会。AI 要想取得成功，设计很重要，其中用户体验尤其重要，人们与 AI 的交互方式也很重要。我们相信，UX 可以提供帮助，这就是本书的重点！

关于本书

AI 和 UX 范围很广，受篇幅所限，其中任何一个我们都无法过度深入。本书将尽量围绕我们知道的以及我们认为与提出的观点相关的内容展开。

我们不想将所有 AI 应用混为一谈。本书主要关注和执行任务的人直接接触的 AI，无论是在家里、办公室还是在路上。重点不是金融交易算法或流行病学建模，也不是在工业自动化背景下运行的不依赖于人或者只向人展示信息的 AI。本书的重点是我们大多数人都能体验到的 AI，特别聚焦于常用的应用中体验到的。

本书部分内容将以对话的形式呈现，就像大家平常和朋友或同事聊天一样。我们有时通过对话来说明问题，有时则想要强化问题。我们希望这样的设计能够成功突出我们所关注的重点。

本书的布局是这样的：前面 3 章描述 AI 和用户体验的相关历史及其如何与一些非常有影响力的研究人员的生活交织在一起。然后，第 4 章提出具体的问题。第 5 章强调 UX 如何在人工智能场景下运用“以用户为中心的设计”（UCD）模型，使 AI 真正赋能于人。

著译者简介

刘嘉闻（Gavin Lew）

在企业和学术界有超过25年的经验。User Centric联合创始人并将改公司发展成为美国最大的私有用户体验咨询公司。公司被收购后，他继续领导北美UX团队，成为母公司利润最高的业务部门之一。他经常在国内和国际会议上发表演讲，并且拥有多项专利。他是德保罗大学和西北大学的兼职教授。嘉闻拥有洛约拉大学的实验心理学硕士学位。

嘉闻目前是Bold Insight的管理合伙人，该公司隶属于ReSight Global，这个全球化UX研究组织在北美、欧洲和亚洲均有分部。

罗伯特·舒马赫（Robert M. Schumacher Jr.）

在学术、机构和企业界有超过30年的经验。从早期阶段开始，他就与嘉闻共同拥有User Centric，直到2012年该公司被出售给GfK。在User Centric期间，他帮助建立了用户体验联盟（User Experience Alliance），一个全球化的UX机构联盟。此外，他还在北京创立了User Experience。他是Bold Insight的联合创始人、共同所有人和管理合伙人，该公司隶属于全球性的UX研究组织ReSight Global。

鲍勃（Robert 的昵称）是《全球用户研究手册》(2009) 的编辑和撰稿人。他拥有多项专利和几十份技术出版物，包括美国政府的健康记录用户界面标准。他也是西北大学的兼职教授。鲍勃拥有伊利诺伊大学厄巴纳 - 香槟分校认知与实验心理学博士学位。

周子衿

主修商业分析，机敏幽默，既能慎思谨行，又能妙语连珠。留学期间多次入选院长嘉许名单。作为一个爱动手的美食爱好者，对人文、社科、魔幻、科幻等题材的作品（包括书影）有着浓厚的兴趣。主要信念为身体力行，探寻技术、人文与商业价值的平衡。代表译著有《游戏项目管理与敏捷方法》。

目录

第 1 章

初探 AI 与 UX：归去来兮

每一个充满复杂难题并有着海量数据的领域，都在积极地引入人工智能（AI）。从 Alexa 和 Siri 这样的智能语音助手，到驱动 Facebook 和 Twitter 时间线的算法，再到在 Netflix 和 Spotify 上根据我们的播放习惯而量身定制的个性化推荐，都是 AI 实际用于消费者体验的直接应用。麻省理工学院在重构教学项目上投资超过 10 亿美元，旨在“创建一个将 AI、机器学习和数据科学与其他学科相结合的新学院。”该学院成立于 2019 年 9 月，并将在 2022 年迁入一栋全新的大楼[1]。

即使是在那些看似与 AI 毫不相干的领域，也出现了 AI 的身影。圣罗兰新推出的 Y Men 香水广告视频中出现的一名模特是毕业于斯坦福大学的机器视觉研究员[2]。这支香水广告中不仅展示了模特帅气的外表，甚至还展示了几行 Python 代码，让 AI 看起来又酷又时髦。AI 正在以一种前所未有的方式吸引了主流的注意力，人们不再将人工智能与书呆子和极客关联在一起了。现在，AI 的加持，正在成为产品畅销的标配。

1 Knight, Will (2018). “MIT has just announced a $1 billion plan to build a new college for AI.” *MIT Technology Review*. www.technologyreview.com/f/612293/mit-has-just-announced-a-1-billion-plan-to-create-a-new-college-for-ai/.（最近更新日期 2018 年 10 月 15 日，访问日期 2020 年 6 月 2 日）

2 James, Vincent (2017). “AI is so hot right now researchers are posing for Yves Saint Laurent.” *The VERGE*. www.theverge.com/tldr/2017/8/31/16234342/ai-so-hot-right-now-ysl-alexandre-robicquet.（最近更新日期 2017 年 8 月 31 日，访问日期 2019 年 8 月 12 日）

AI 的不可思议之旅

GAVIN：托尔金（J. R. R. Tolkien）的《霍比特人》讲述了比尔博·巴金斯的奇幻旅程，以及他如何带着这段经历，回到家乡讲述自己的传奇故事。这部小说为我打开了科幻和奇幻小说的大门。

BOB：我也一样。随着年龄的增长，科幻小说中的内容变得更加真实和接近了。曾经只存于幻想中的东西，现在触手可及。就好比人工智能。它比我十年前相信的走得更远，更快。虽然 AI 没有像比尔博在《霍比特人》中那样奇幻，遇到了龙、巫师和精灵，但人工智能在发展的道路上确实也有着危险和陷阱。

GAVIN：和比尔博的故事一样，AI 的发展也是一段时刻在学习的旅程。我认为，《霍比特人》讲的不是关于未来能把你带到哪里去，而是千万不要忘记过去可以教会你什么，告诉你什么，从而使你变得更好。也许，人工智能确实有一个光明的未来，但要把它做好，还需要一些新的思维，我们这本书讲的就是一位用户体验研究人员与 AI 的故事。

要点

AI 历史悠久。从过去的错误中吸取教训，可以让当下的 AI 在未来取得成功。

全世界，放眼科技行业内外，对 AI 都充满了热情。AI 还不只是某家公司的最新产品和营销人员的素材。

AI 蕴含的力量和吸引力在于：它可以成为解答诸多问题并使人们过上更轻松生活的基石。但是，AI 的潜力取决于科技的运作。因为，当科技不起作用时，后果会很严重。

过度炒作后，如果失败，将会带来可怕的后果

GAVIN：对 AI 的热情已经白热化了。举个医疗保健领域的例子，IBM 前首席执行官弗吉尼亚·罗曼提 (Virginia Rometty)[1] 声称，AI 或许可以揭开医疗业“黄金时代”的序幕[2]。到处都能看见关于 AI 的新闻。

BOB：说到过度炒作，我想到了另一个“黄金时代”：17 世纪荷兰的郁金香热。那时候掀起了投资郁金香球根的风潮，让郁金香球根的市价直线上升。然而，随着进一步地炒作，泡沫经济出现了，一株郁金香球根的价格是普通工人平均年收入的十倍[3]。市场无法维持这疯狂的价格，不可避免地，泡沫迎来了破灭。

GAVIN：就像“郁金香热”一样，AI 也存在过度炒作的现象，甚至到了“非理性繁荣”的成都。但可能令许多

1 译者注：出生于 1957 年，拥有美国西北大学计算机科学和电子工程学学士学位。1981 年加盟 IBM，担任系统工程师。先后担任过 IBM 全球保险和金融服务部门总经理、IBM 全球服务美洲部门总经理和业务部门负责人。2010 年，出任 IBM 负责全球销售的高级副总裁。2012 年，接替彭明盛（Sam Palmisano）担任 IBM CEO，同时被选为 IBM 董事会成员。

2 Strickland, Eliza (2019). “How IBM Watson Overpromised and Underdelivered on AI Health Care.” *IEEE Spectrum*. https://spectrum.ieee.org/biomedical/diagnostics/how-ibm-watson-overpromised-and-underdelivered-on-ai-health-care.（最近更新日期 2019 年 4 月 2 日，访问日期 2020 年 6 月 2 日）

3 Goldgar, Anne (2008). *Tulipmania: money, honor, and knowledge in the Dutch Golden Age*. University of Chicago Press.（出版日期 2017 年 8 月 27 日，访问日期 2020 年 6 月 2 日）

人惊讶的是，这并不是 AI 第一次被炒作了。20 世纪 50 年代末开始的 AI 的繁荣时期在随后的十年间就崩溃了。几乎所有用于研究 AI 的资金都被削减了，又过了几十年才看到投资恢复起来。

BOB：那之后的十年，所有用于 AI 的资金都被大幅削减。而当研究涉足到了机器人领域时，随之而来的对机器人的炒作导致了 80 年代的又一次崩溃。在 AI 悠久的发展历程中，有高峰也有低谷。我希望在今天盛世中，我们要记住过去的教训，以让 AI 的新时代看到一个更成功的未来。

要点

失败会带来糟糕的后果，而 AI 已经败过很多次了。从过去的错误中学习，可以让当下的 AI 在未来取得成功。

人工智能

“人工智能”一词是由计算机科学家约翰·麦卡锡、马文·明斯基、纳撒尼尔·罗切斯特和克劳德·香农 1955 年达特茅斯提出的。他们对人工智能的定义是：“让机器像人类一样能够表现出智能”。[1] 当然，这仍然使 AI 的定

1　Press, Gil. “Artificial Intelligence (AI) Defined.” www.forbes.com/sites/gilpress/2017/08/27/artificial-intelligence-ai-defined/#44ac4d9f7661.（出版日期 2017 年 8 月 27 日，访问日期 2020 年 6 月 2 日）

义在很大程度上可以根据对“智能”行为的主观定义来解释。不用说，我们认识很多我们认为行为表现并不智能的人类。AI 的定义仍然是模糊和可变的。

“什么是智能？”这个问题超出了本书覆盖的范围，因为它充满了哲学上的复杂性。但是，一般来说，我们支持对人工智能的最初定义进行反驳。人工智能所包含的领域都有一个共同点，即自动完成可能需要人类发挥其智慧的任务。

还有其他的定义，比如计算机科学家罗杰·香克（Roger Shank）提出的定义。1991 年，香克为人工智能提出了四个可能的定义。

1. 在没有人类指导的情况下，能够自己产生见解的科技。
2. 在接受关于任何特定领域的信息后可以计算出适当的行动方案的“推理引擎”。
3. 任何能做到一些其他科技从未做过的事情的科技。
4. 任何有能力学习的机器。

我们认为，这些是定义“智能”的四种不同方式。香克更赞同第四种定义，也就是赞同学习能力是智能的一个必要组成部分这个观点。

在本书中，我们不会使用香克对 AI 的定义，也不会使用其他任何人的定义。这样的话我们就需要进行重新定义，将过去的 AI 系统，甚至是当下的一些 AI 系统，置于 AI 领域之外，不会有所涉及。机器学习通常是 AI 的核心部分，但它是相当罕见的。众多AI系统在自主学习方面并不出色，但它们仍然可以完成许多人认为是智能的任务。在本书中，我们希望尽可能多地讨论AI的应用，无论它们是否具备学习的能力。因此，我们将以最宽泛的方式定义人工智能。

定义

人工智能，或称AI，其含义有很多争议。就本书而言，人工智能指的是任何能获取知识或是能以被认为是智能的方式从经验中学习的科技。

许多科技都可以被认为是AI的一部分。因此，我们对这个术语采用了一个宽泛的定义。今天的AI应用可以完成许多以前想都不敢想，或是需要耗费巨大努力的任务。机器翻译，如谷歌翻译，可以在瞬间完成数百种语言之间的翻译，而且译文质量足以在许多场景中派上用场。医学和商业AI可以分析大量的数据并得出见解，帮助专业人员更有效地开展工作。当然，还要提到智能语音助手，它可以让用户用最自然的交互方式（即声音）来完成发送信息和购买产品等任务。

人工智能与用户体验几乎是同时出现的，两者都是随着计算机时代而到来的。我们将在第2章中更详细地讨论这个问题，但我只想说，人工智能和计算机中一些最重要的创新，比如神经网络、互联网网关、图形用户界面（GUI）

等等，之所以能产生，都是多亏了那些转行成为计算机学家的心理学家。UX（用户体验）深受心理学的影响，许多心理学家的问题都集中在类似于人机交互的方面，即使他们在早于这一特定领域问世之前就开始进行这方面工作了。

要点

AI 的定义主要集中在使用计算方法来完成智能任务。我们花时间分辨哪些复杂的任务是“智能”的，哪些不是。我们更关注的是通过使用以 UX 为中心的方法来帮助人工智能更加成功。

用户体验

唐纳德·诺曼（Donald Norman）1993 年在苹果公司工作时，创造了“用户体验”一词。在他的研究机构尼尔森诺曼集团发布的视频中，诺曼将用户体验描述为一个整体的概念，包含购买和使用产品的全部体验[1]。他举了一个 20 世纪 90 年代时买电脑的例子，想象一下那个时候把电脑包装箱塞进自己的车里有多么困难，组装电脑部件又是多么棘手。他想说明的是，这些体验（即使它们似乎与设备的实际功能毫无瓜葛）也会影响到用户对设备功能的整体感知。这揭示的是用户体验的整体性。

1 NNgroup. “Don Norman: The term 'UX'.” YouTube video, 01:49. Posted July 2, 2016. www.youtube.com/watch?v=9BdtGjoIN4E.3（访问日期 2020 年 7 月 2 日）

用户体验与人工智能的关系

如果科技不是为人所用……它就一无是处[1]。

这是 Ameritech 公司用过的一个营销口号，它曾是一家地区性贝尔运营公司（RBOC）。1984 年，贝尔系统的垄断被打破后，Ameritech 公司成立，AT&T 提供长途电话服务，而其他区域贝尔运营公司提供本地电话服务。区域贝尔运营公司更为人知的名字是是西洋贝尔、西南贝尔、西部贝尔、太平洋贝尔、南方贝尔、亚美达科和纽新公司。Ameritech 的口号代表了由阿尔尼·朗德管理的小团队的工作，这支团队由 20 位人因工程师和研究人员组成。对我们而言，阿尔尼是我们（作者）和在他领导下学习的十几个人的导师，我们在为阿尔尼工作时，看到了人因（human factor）到用户体验的演变。

这支团队的任务是让产品为用户“工作”。这听起来轻而易举，产品本就该按照其设计者的意图而工作。但关键不在于它们是否能在工程师手上工作，而在于是否能为用户（即那些购买了产品或可能作为礼物收到了产品的人）工作。想想你购买的一些产品。想一想那些带电池的产品，或者那些要插进插座或甚至需要联网的产品。你觉得设置

1　奇怪的是，AT&T 从来没有为这句宣传口号注册过商标。最终，本书两位作者共同拥有的 User Centric 公司在 2005 年获得了这句口号的注册商标。

体验很轻松吗？不幸的是，有很多产品都会让我们摇头抱怨：到底是谁把它设计的这么难用？我们需要进行的研究和设计中，不仅仅是将科技整合到新产品中就可以了，而是要将人们的体验作为成功的关键标准。Ameritech 的口号概括了这一点。采用以用户为中心的方法在 1995 年还不是主流。用户体验并不像现在这样是“标准配置”，而是 Ameritech 的一个独特卖点，以至于他们在会在电视广告中介绍它。

如果 AI 不是为人而用……它就一无是处

GAVIN：在 Ameritech 公司，阿尔尼·朗德领导的人因团队是特殊时期的一支惊人团队。对我来说，这是我第一次应用心理学、研究和以用户为中心的设计来对产品进行改进。

BOB：这支团队有着一些惊人的想法，他们被允许随心所欲地让产品变得实用、可用和吸引人，而那时，苹果还没有开始用“非同凡想”(Think Different)这个口号。

GAVIN：我记得 Ameritech 是一个拥有数万名员工的组织，但整个电视广告都在讲一支这么小的团队的工作成果。

BOB：这些广告被称为 Ameritech 实验小镇广告[1]。它们展示了 Ameritech 公司的人因团队会怎样在餐厅、汽车和理发店等日常场所与人们一起测试新技术，以确保产品不仅具有功能，而且人们能够真正使用它们。

1 www.youtube.com/watch?v=lKUZPR52uCU 是一个广告的例子。

GAVIN：我记得那些广告让人印象深刻，收视率很高。上世纪 90 年代中期，中西部的每个人都知道这些广告。在我的记忆中，这支广告的回忆度非常高。但是，只有一半的受访者认为广告是关于 Ameritech 的；另一半则错误地认为是关于 AT&T 的。

BOB：确实。营销人员肯定很懊恼，但对我们而言，这并不重要。重点不是炫耀一些惊人的新技术，也不是炫耀最前沿的功能。真正重要的信息是体验。如果购买设备的人不能用，那就毫无意义了。我 88 岁的父亲仍然隔天就会和打电话给我，抱怨他的电脑给他带来了多大的挫折感。

GAVIN：这就是创建良好 UX 的本质。老实说，我们今天仍然没有取得特别大的进展。确实，科技的发展加速了，但如果有人不会在网站上订票或者不能轻松地为他们的数字手表编程，那么设备就只是块石头，因为它几乎没什么用。大约 20 年过去了，虽然对 UX 的认识肯定有所提高，但我们的生活仍然和过去一样，经常对产品和服务感到沮丧，或许甚至比曾经还要更糟。

BOB：随着设备越来越“聪明”，有些人可能认为我们的挫折感会减少。事实上，有一派观点认为用户界面将逐渐淡出背景。它们将成为底层技术，因为它们太直观了，所以会越来越不可视。我还没有完全相信这个观点，但我们会回来讨论这个问题。现在，当我们阅读有关 AI 及其承诺的内容时，对人们如何体验人工智能的强调似乎缺失了。

要点

产品开发人员越来越认识到，好的设计很重要。了解人们如何交互对产品的成功至关重要。

Ameritech 的“测试小镇”广告在日常生活的背景中对展现了使用未来技术的小故事。其中一个广告中，有家咖啡店，里面的一桌顾客都戴着不同的设备。其中一个设备一直在闪烁着 12：00（我们许多人可能都有过类似经历！），使这位顾客感到十分沮丧。这个广告的前提是，在 Ameritech 有人在让产品变得更易于使用；这些产品不仅能够运作，而且还能“为人所用”。

这些广告让人们注意到了幕后正在进行什么样的工作，来改善 Ameritech 的新产品和服务中技术的实用性和可用性。UX 领域的重点是理解和改善人与技术之间的联系，使用户体验更好。

考虑用户体验时，请想一想那些描述交互的形容词和副词，如图 1.1 所示。设计产品或服务时，你不希望它只是令人满意。有时，满意只意味着“刚好满足需求”。但这难道还不够吗？顾客满意度又是什么意思呢？但是，我们认为，产品若想获得成功，往往需要比“满意”更良好的用户体验。当专注于产品的用户体验时，交互设计方面需要做的更多。当你想到自己真正喜欢使用的东西时，可能会用上瘾，有趣，引人入胜，直观等词语来形容。这些是使用户体验更好的描述符。为了成功，我们必须努力超越满足。我们需要让产品与 UX 形容词和副词关联起来。

图 1.1
描述交互的形容词和副词。这些词为产品的用户体验提供了超越“满意”的标准

作为 UX 专家，我们仅仅将 AI 视为一个应用程序。这不只是关于 AI 可以为我们做什么事的承诺。我们认为，从 UX 的角度对 AI 进行观察将非常有启发性；良好的 UX 体验对于确保 AI 的成功和未来的传播至关重要。UX 是我们的专长领域，本书的主题是提议将 UX 原则应用到人工智能应用程序的用户界面的设计和开发上。

过去，AI 是通过考虑功能和代码来设计的：我们可以让 AI 做某件事吗？设计人员和开发人员都对一系列令人心动的 AI 应用有着很伟大的梦想，并致力于实现它们。他们常常忽略的是：一旦 AI 真的可以做这件事了，使用 AI 做这件事的体验将会如何？换句话说，开发人员需要考虑使用 AI 产品的体验会是什么样子，即使是在早期阶段，这个产品只是一个想法时。梦想着机器人能将一段演讲转化为文字和动作，这很好，但如果这段演讲是在拥挤的酒吧里发表的，而演讲者刚做完牙科手术，那么机器人的作用究竟会有多大？在这一点上，我们认为，AI 要想取得成功，一个关键要素在于理解和改善用户体验，而不是赋予 AI 各种新功能。大多数 AI 应用程序已经有了许多有用的功能，但如果用户无法使用或不知道怎么使用，这些功能又有什么用呢？

如果有一个良好的初体验，将会带来很大的帮助

BOB：在产品设计上要花太多时间和精力了。有时遇到糟糕的用户体验时，我会想，设计师差一点就可以把它做对了。制造这款产品的团队可以做些什么来改正？要知道，在很多时候，成功和失败之间往往只有一线之隔。

GAVIN：是的，想想汽车中的语音呼叫功能。汽车厂商这十年来一直在做这个功能。但现在，几乎每个人都有手机，有多少人会在车上用语音呼叫功能？有句俗话

说："愚我一次，其错在人；愚我两次，其错在我。"这对人与人之间的互动可能适用，但人与 AI 之间的互动更像是，"负我一次，绝不再试。"

BOB：没错，想象一下，一个妈妈开车带着几个孩子去参加足球比赛。她试着在车里使用语音呼叫功能。如果这位妈妈听到"我不明白这个命令"，你认为她还会再试一次吗？她会意识到周围的背景噪音，也就是孩子们玩闹的声音，可能对 AI 的理解能力造成了干扰吗？大多数人不会。

GAVIN：把这个逻辑应用在我们周围的所有技术上，这种对良好使用体验的需求并不限于语音呼叫的例子，想想宝马 540 中设计的 500 多个功能。构建这些功能需要花费大量的时间和成本。但是，人们真正使用的有多少？有功能并不意味着它就是实用或可用的。

BOB：UX 的重点不仅仅在于功能如何工作。一半的功夫都花在帮助人们开始使用功能上。一旦开始使用，功能的工作方式是否与人们期望的一致？这些都是良好设计的核心原则。AI 不是万能的。要了解用户将如何与输出的内容交互。而这正是专注于 UX 的关键所在。

要点

产品中引入了新科技并不意味着就可以坐等成功了，正面、积极的交互至关重要。

UX 框架

UX 成为了一个取得成功的重要驱动力。那么，如何将 UX 整合到 AI 产品或服务中呢？首先，要引入一个 UX 框架，这也将为本书的主题奠定基础。

> **定义**
>
> 用户体验框架是我们在设计 AI 应用时考虑用户体验的方法。这个框架植根于经典的以用户为中心的设计，在这种设计中，用户是中心，而非技术是中心。

AI-UX 原则

为了理解如何将 UX 框架应用于 AI，我们要考虑以下三个 AI-UX 原则：上下文或场景（context）、交互和信任。这些独立维度构成了我们应用于 AI 上的 UX 框架。我们会在后面的章节中深入介绍该模型，但现在先简单看看这个模型是有裨益的。参见图 1-2。

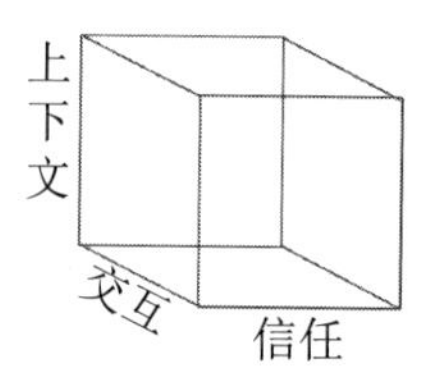

图 1-2

设计 AI 产品和服务时需要考虑的 AI-UX 原则

背景

近年来，IBM 花了 40 亿美元用于医疗保健领域的并购和支出，主要是为了强化其医疗诊断 AI 先驱 Watson Health（沃森健康）的性能[1]。成果毁誉参半。Watson Health 曾展现了令人难以置信的美好前景，但也就此停滞不前了。《华尔街日报》发表了一篇尖刻的文章，谈论了 Watson Health 在 2018 年的失败[2]。文章表明，十几家客户已经减少或完全放弃了使用 Watson Health 的肿瘤（癌症治疗）项目，并且几乎没有证据表明 Watson Health 能够有效地为病人提供帮助。

2017 年，Watson Health 创建癌症治疗方案的能力在印度和韩国进行了测试，测试的内容是将 Watson 的治疗方案与当地医生的建议治疗方案对比，看是否一致。在印度，对肺癌、结肠癌和直肠癌患者进行测试时，Watson 与印度医生的治疗方案一致度从 81% 到 96% 不等。但

1　Agence France-Presse. "IBM Buys Truven Health Analytics for $2.6 Billion." *Industry Week*. www.industryweek.com/finance/ibm-buys-truven-health-analytics-26-billion.（最近更新日期 2016 年 2 月 16 日，访问日期 2020 年 6 月 2 日）

2　Hernandez, Daniela and Ted Greenwald. "IBM has a Watson dilemma." *The Wall Street Journal*. www.wsj.com/articles/ibm-bet-billions-that-watson-could-improve-cancer-treatment-it-hasnt-worked-1533961147.（最近更新日期 2018 年 8 月 11 日，访问日期 2020 年 6 月 2 日）

是，当它在韩国的胃癌患者身上进行测试时，一致度仅有49%。研究人员将此差异归咎于韩国医生使用的诊断规则与 Watson 在美国学习的诊断规则有所不同[1]。

不要局限于让 AI 模仿人类

BOB：这么说来，Watson 学会了如何使用美国的数据集来诊断和推荐癌症治疗方案。当 Watson 推荐的治疗方案和美国医生推荐的治疗方案相同时，大家都欢呼雀跃。然而，当应用于韩国的病例上时，Watson 没有达到要求。但能否复制美国医生的做法就是衡量成功与否的标准吗？

GAVIN：这就是问题的关键！AI 不应该只会模仿。AI 发现了差异，这件事是值得注意的。也许我们需要改变我们的想法。AI 发现了一个差异，这就是洞察力。AI 实际上是在举手询问道："韩国的肿瘤学家在做什么美国的肿瘤学家没有在做的事？他们为什么会做出这样的选择？"然而，许多人将此理解为 AI 无法模仿人类的决策，认为 Watson 失败了。

BOB：是的！目标是改善治疗方案，而不是让 AI 的建议与人类的想法雷同。AI 的贡献要求我们研究不同治疗方案之间的差异性。通过研究这个差异来寻找改善方

---

1 Ramsey, Lydia. "Here's how often IBM's Watson agrees with doctors on the best way totreat cancer." *Business Insider India*. www.businessinsider.in/Heres-how-often-IBMs-Watson-agrees-with-doctors-on-the-best-way-to-treat-cancer/articleshow/58965531.cms.（最近更新日期 2017 年 6 月 2 日，访问日期 2020 年 6 月 2）

案的因素，或许就可以做得更好。正是这个差异可能会有所帮助。

要点

通过对比 AI 的方案是否与人类的方案是否相似来衡量成功与否，限制了 AI 的发展。这仅仅是 AI 发展的第一步：能够识别出差异。当这种洞察力激发出更多问题时，知识就会得到进一步的发展。这就带我们走向了终极目标：更好的治疗方案。如果我们只把目标局限于复制人类的方案的话，对 AI 是一种伤害。

在理想情况下，Watson 应该受到赞扬，因为它识别出了美国和韩国病例在治疗方案上是存在差异的。AI 并不一定要解决整个问题。发现以前未知的差异是很重大的一步。AI 提醒我们注意到了这一差异。现在，我们可以进一步调查，甚至或许能挽救生命。

这是一个很好的例子，可以让不局限于程序员的各类人都参与进让 AI 能够解决问题的挑战中来。让一支团队来控制和设计一个基于 AI 的产品。让产品团队、程序员、肿瘤学家甚至营销人员都参与进来，共同研发，而不是让 AI 自己想办法。

我们将在第 3 章中进一步广泛讨论像 Watson Health 这样的 AI 的例子，但就目前而言，可以说这是在不了解背景的情况下 AI 会怎样停滞的一个示例。

定义

背景包括 AI 可以用于执行任务的外部信息。它包括用户的信息以及他们为什么提出请求，还包括关于外部世界的信息。

要点

那些从事研发 AI 产品的人需要了解其输出的背景，这样的输出意味着什么，与目标和预期相比如何，等等。

互动性

Gavin 在加州大学圣地亚哥分校的大学室友克雷格尼斯，主修的是计算机科学。他后来帮助开发了 Falcon，这是一种开创性的 AI 算法，在 20 世纪 90 年代初用于检测信用卡欺诈。Gavin 在写作本书时与克雷格聊了聊，克雷格解释了他是如何使用一种称为神经网络的 AI 来检测可疑的购买行为的。可疑度高的话，就需要给持卡人打电话，并可能会取消交易。

这个机制在很多情况下都运作良好，包括欺诈行为真实发生时。但在误报方面遇到了些麻烦，即把非欺诈行为标记为欺诈。一个特别容易出问题的地方是国际旅行。在 20 世纪 90 年代，并不是每个人都有手机的，即使是有手机的人，也很难打国际电话。如果你没有随身带你的工作电话，或者信用卡公司忘了打电话确认，就有可能在整趟国际旅行中都不能用信用卡。显然，这可能是一场灾难。

如今，只需要一个额外的步骤。信用卡公司仍然在用类似的欺诈检测机制，通过地理位置和商店类型以及其他因素来确认是否有欺诈性购买的可能。但现在，由于智能手机无处不在，更不用说移动数据和 Wi-Fi 网络的覆盖率越来越高，信用卡公司可以向你的手机发送警报，询问进行购买的是否是你本人。如果是本人的话就点击确认，就可以顺利购买了。

这种与用户的额外互动带来了巨大的变化。

定义

交互是指 AI 以一种用户可以回应的方式与用户接触。这种互动可以有很多种形式：AI 界面上的一条信息，一条短信，向他们的手机推送通知，等等。

当 AI 系统得出结论，认为一个购买行为可能是欺诈行为时，它不会立即采取行动取消交易并锁定这张卡。相反，AI 算法有一个便捷方法来联系用户，确认用户是否反对它这样做。虽然用这种方式来征求用户同意不是万无一失的（例如，也许用户的手机和卡一起被偷了，或者手机没电了），但总比给用户打电话的老方法更好。这是一种更高效的交互，如果可能造成如此大的影响，这种交互就是必要的。

要点

在AI代表用户采取有潜在影响的行动之前，它应该尝试与用户交互。沟通非常重要。这是AI需要具备的体验。交互行为需要精心设计。

信任

当考虑与设备交互有关的信任时，最基本的期望是设备做它应该做的事。但从UX的角度来看，信任可以指代更多事。举个例子，如果你熟悉iPhone，当听到Siri的启动提示音时，你的反应是什么？你可能会有点退缩："唉，我又不小心按到了。"但是，为什么Siri在我们许多人心中会产生如此消极的下意识反应？毕竟，它应该是个有用的工具。为什么我们不信任它呢？

定义

信任是指用户觉得AI系统会成功地执行用户希望它执行的任务，而不会发生任何意外。意外可能包括执行用户没有要求的额外（不必要的或无益的）任务，或者以用户未曾预料的方式侵犯用户的隐私。信任是有粘性的，也就是说，如果用户信任一项服务，可能会选择一直信任；反之，如果他们不信任，可能会一直选择不信任。

Siri是众多听从语音指令的语音助手之一。语音助手可以识别句子并处理信息。之前那个载满小孩的车的例子中，那位妈妈就使用了一个语音功能。在语音助手的早期，AI 系统能识别简单的语法，将动词 + 主语变成一个指令，如：“给 [爸爸] 打电话。”随着技术的不断改进，语音转为文字将变得越来越准确。

定义

语音助手（也称“智能助手”）是一种基于 AI 的程序，允许用户通过说话来与应用程序交互。智能助理有数以万计的用途，它们可以为用户执行各种任务：获取天气预报、学猫叫、讲笑话甚至唱歌等。

当 Siri 于 2011 年首次在 iPhone 上发布时（苹果称之为“测试版”）[1]，早期舆论普遍是是对终于出现的智能语音助手的欢呼和赞美。不幸的是，蜜月期并没能持续多久。用户开始表达不满，并对使用 Siri 产生了强烈的负面联想。举个例子，Siri 在可用性和功能方面都存在问题；Siri 可能会被意外触发，其语音识别功能也不如用户预期的那样强大。Siri 经常会道歉说：“对不起，我不知道你在说什么……”即使它能正确识别语音，它也经常会误解用户的意图。很快，用户想用它来做更多超出它原本的设计的事。简而言之，用户（呃，客户）最初对智能助手的期待值非常高，但现

1　Tsukayama, Hayley. “Apple’s Siri shows she’s only a beta.” *The Washington Post*. www.washingtonpost.com/busi-ness/technology/apples-siri-shows-shes-only-a-beta/2011/11/04/gIQA6wd-zlM_story.html?（最近更新日期 2011 年 11 月 4 日，访问日期 2020 年 6 月 2 日）

实却让他们大失所望。苹果遭遇了挫折[1]。

信任是由更多的积极体验构成的

BOB：对于任何产品而言，无论它是否带有 AI，最基本应该做到可用和有用。它需要易于操作，并能准确地执行用户要求的任务，而不是执行那些没让它做的任务。这是个很低的标准，但市场上有许多产品设计得很差，连这个标准都达不到。

GAVIN：想想你客厅的茶几上的那些 TV 遥控器还有那么多按钮吧！真怀疑设计它们的人到底有没有好好花心思。回想一下使用遥控器的体验有多恼人吧，而且一般用遥控器还都是在晚上。

BOB：最糟的是控制电视设置的遥控器。有时房间的灯光很昏暗，会不小心按错按钮。当你在黑暗中摸索，以为自己按了“返回”键时，有多少次弹出了“菜单”或“设置”窗口？

GAVIN：设计 AI 所面临的挑战更加严峻。想想 Siri，它跟电视屏幕界面完全不一样。因为一切都是通过语音进行的，所以需要很好地开展对话。它必须好用，不然人们就会舍弃它。

BOB：当一切都正常运转或体验良好时，人们会产生一种信任感。而当 Siri 没有反应的时候，接下来干什么？重复一遍吗？但是，人们会重复几次呢？这给人带来

---

1 Kinsella, Brett. “How Siri Got Off Track – The Information.” https://voicebot.ai/2018/03/14/siri-got-off-track-information/.（最近更新日期 2018 年 3 月 14 日，访问日期 2019 年 8 月 14 日）

一种不信任的感觉。

GAVIN：这一点很重要，因为它可以解释为什么 Siri 会被弃用。在多次失败之后，信任就会消失。最终导致人们不再使用该产品。

BOB：对于语音助手，这种不信任感可能是恒久的。就算苹果把 Siri 做得更好，解决了一些互动问题。然而你都不用 Siri，又怎么会知道进行了这些改善呢？

GAVIN：所有为使 Siri 更智能而付出的努力都付之东流了。Siri 走上了下坡路，难以恢复。

要点

我们对一个产品的看法是我们对该产品的总体体验。这款产品是否提供了我们想要的价值？我们是否愿意“信任”该产品，就取决于这一点。

信任在 UX 中扮演的角色

结合心理学和经济学的行为经济学领域，对 UX 中“信任”这一支柱提出了至关重要的见解。丹尼尔·卡尼曼[1]，诺贝尔奖获得者和行为经济学的重要人物，将大脑分为两个系统[2]。“系统 1”是指挥大脑的感性系统，它帮助我们

1 译者注：出生于英国托管巴勒斯坦特拉维夫，以色列裔美籍心理学家，2002 年诺贝尔经济学奖得主。2011 年，心理学畅销书《思考的快与慢》出版。

2 Bhalla, Jag. “Kahneman’s Mind-Clarifying Strangers: System 1 & System 2.” *Big Think*. https://bigthink.com/errors-we-live-by/kahnemans-mind-clarifying-biases.（最近更新日期 2014 年 3 月 7 日，访问日期 2020 年 6 月 2 日）

做出日常生活中的直觉判断，并支配着我们对情况的情感反应。“系统 2”是理性系统，它经过长期分析来得出深思熟虑的判断。传统观念认为理性思维总是优于感性，糟糕的决定通常来自于遵循本能而非理性，卡尼曼想要颠覆这个观念。他指出，直觉往往是有效的。系统 1 让我们能够开车，维持大部分的社会关系，甚至常常能解答智力问题。

像卡尼曼这样的行为经济学家提出了三个重要的启发式方法（也称“心理捷径”）：情感启发式、可得性启发式和代表性启发式。它们经常为系统 1 所用。基于本书的目的，我们将重点关注情感启发式。情感启发式让我们对某人或某物最初的感性判断决定了我们是否信任那个人或物[1]。这就是 Siri 失败的原因。一开始，这个智能助手用起来很麻烦，所以即使 Siri 本身已经得到了改进，对 Siri 的负面情感联想仍然挥之不去。

2014 年，亚马逊推出了以 Alexa 智能助手为特色的 Echo。该设备为智能助手提供了一个非常适合使用的特殊的使用场景：家中。在家里，你不太会为与设备交谈感到羞耻。这并不是 Echo 和 Siri 之间唯一的区别，Echo 的外观也完全不同，它是一个专门的圆柱形设备。

为了确保智能助手 Alexa 从一开始就能提供良好的体验，亚马逊竭尽所能，使尽了洪荒之力。他们可能是受到

1 “Affect heuristic.” *Behavioral Economics*. www.behavioraleconomics.com/resources/mini-encyclopedia-of-be/affect-heuristic/.（访问日期 2020 年 6 月 2 日）

了几年前亚马逊 Fire Phone 的失败的启发。Fire Phone 似乎是一款最小可行产品[1]，而且一开始就失败了。但 Echo 则不同。在构建 Echo 时，亚马逊进行了包括“绿野仙踪测试”[2]在内的测试。在绿野仙踪测试中，用户提出问题，这些问题被反馈给隔壁房间的程序员，接着程序员输入回答，然后用 Alexa 的声音播放出来[3]。很明显，亚马逊花了很多时间和精力来打造一个能够获取信任的产品。我们并不确切地知道苹果对 Siri 做了哪些用户调研，但无论他们做了什么，最终都不如亚马逊那样成功。

要点

信任对用户是否会采用至关重要，并且，这样的信任很脆弱，容易丢失。开发人员必须谨慎地设计出能够带来信任的体验。

1　“最小可行产品”(MVP) 指的是只拥有有为用户提供价值和获取市场份额所必需的最简功能的产品；通常，它还用于从市场中学习如何提升和改进产品。

2　译者注：VUI 语音界面测试中最常用，适用于需求挖掘、设计、测试和分析阶段，最初起源于人因工程领域，后在亚马逊 Echo 的 VUI 设计中成为一个经典的测试范式，主要进行三个维度的设计和优化：交互形式。响应速度和 VUI 的语言情感倾向。绿野仙踪测试高效，逼真，省力，但同时也须谨慎用于概念验证阶段。

3　Kim, Eugene. “The inside story of how Amazon created Echo, the next billion-dollarbusiness no one saw coming.” *Business Insider Australia.* www.businessinsider.com.au/the-inside-story-of-how-amazon-created-echo-2016-4.（最近更新日期2016年4月2日，访问日期2020年6月2日）

UX设计的必要性

用户体验设计观的核心是心理学家詹姆斯•吉布森[1]提出的“可供性”（affordance，或称“直观功能”，预设用途、“示能性”，比比如，椅子可用于“支撑”重物）概念。可供性是事物和感知者之间的互动点，让感知者去理解事物的特征（事物可以为人和其他代理人做的事情）[2]。

某些可供性对我们来说是显而易见的，可能是由使用这件事物的文化习俗或事物的设计所引导的。打个比方，镶有平板的门可以推，而带环形把手的门可以拉。谷歌的主页被一个带有搜索按钮的文本框和大量的空白占据了，意味着它允许你搜索任何你想搜索的东西。对可供性向用户提供信息的能力的认识被融入进了产品的设计中，来改善可用性、功能和使用。

然而，事物的某些特征可能不那么显而易见，这意味着相应的可供性就只对那些了解情况的用户存在。对于科

1 译者注：James Jerome Gibson（1904—1979），生态光学理论奠基人，20世纪视知觉领域最重要的心理学家之一，1967年当选为美国国家科学院院士。1950年，发表经典著作《视觉世界的知觉》，向当时流行的行为主义观点提出批判，后来出版了更具有哲学意义的《视知觉生态论》。

2 Gibson, James J. “The Theory of Affordances.” Semantic Scholar. FromThe Ecological Approach to Visual Perception. Houghton Mifflin (Boston): 1979. https://pdfs.semanticscholar.org/eab2/b1523b942ca7ae44e7495c496b-c87628f9e1.pdf.（访问日期2020年6月2日）

技产品来说，这些功能最终会通过意外或网上疯传的文章被揭示给用户。（标题类似于“你不知道你的手机能做的 10 件事”的文章）如果用户不知道该事物具有某种由可供性明确的功能，那么这个功能就变得不那么有用了。只要功能的数量超过了可供性的数量，就会出现问题。因此，设计者必须善于向用户传达事物的用途——换句话说，设计者必须创造“标志物”（诺曼创造的另一个术语）来传达对象的可供性（例如谷歌的搜索框）[1]。

可供性的产生是双面的。一件事物肯定有某些属性，而用户肯定会认识到这些属性的可能的用途。由于这个原因，产品的用户可能会发现设计者从未想过的可供性。例如，Facebook 的群组功能本意可能是让现实生活中的朋友、同事和同学联系起来，但许多用户却用它们来与有共同爱好的陌生人分享梗和内部笑话。

Facebook 看上去很这个欢迎留住年轻用户的机会，甚至针对分享梗的群组推出了一个新的筛选功能[2]。在用户发现了 Facebook 群组功能的新可供性后，Facebook 就更新了它的产品，以回应这个他们未曾设想的使用案例。这说

1 Norman, Don. “Signifiers, not affordances.” jnd.org. https://jnd.org/signifiers_not_affordances/.（最近更新日期 2008 年 11 月 17 日，访问日期 2020 年 6 月 2 日）

2 Sung, Morgan. “The only good thing left on Facebook is private meme groups.” Mashable. https://mashable.com/arti-cle/weird-facebook-specific-meme-groups/.（最近更新日期 2018 年 8 月 9 日，访问日期 2020 年 6 月 2 日）

明了用户在进一步塑造设计方面可以发挥积极作用。设计需要认识到用户可能会用多种方式来使用一个功能。

美观并不总是最重要的

GAVIN：有时候，用户的需求会与设计师的愿望发生冲突。比如说苹果公司价值50亿美元的先进总部，2018年由建筑师诺曼·福斯特（Norman Foster）建成。这栋建筑的外观使用曲面玻璃，旨在“实现恰到好处的透明度和白度”[1]。

BOB：问题是，人们无法分辨门和墙的界线。甚至建筑检查员也提醒要注意这个风险。但对建筑师而言，这些可供性并不重要，设计美感才是最重要的。

GAVIN：发生了什么？员工们狠狠地撞上了玻璃，以至于在第一个月里打了三次911。员工们非常担忧，他们在墙上贴上了自制的可供性，便利贴，以防造成更多的伤害。

BOB：但大楼的设计者却把这些便利贴摘掉了，因为这有损于大楼的设计美感。

GAVIN：这不仅是对苹果公司的讽刺，也是对建筑师不在他们设计的地方生活的讽刺。我们听说，苹果公司批准使用的便利贴是在那之后制作的，目的是为走路时候开小差的人提供更好的可供性，以减少因受伤而拨打911的次数。

---

1 Gibbs, Samuel (2018). “Is Alexa always listening? New study examines accidental triggersof digital assistants.” *The Guardian*. www.theguardian.com/technology/2018/mar/05/apple-park-workers-hurt-glass-walls-norman-foster-steve-jobs.（最近更新日期2018年3月5日，访问日期2020年6月2日）

要点

有时候，为了美观而设计可能会妨碍我们的工作。用户实际参与的方式（在这个例子中指的是行走）往往会与美学相悖。设计需要为用户整体服务，而不仅仅是看上去好看就行了。

以用户为中心的设计理念是 UX 的核心，它不同于与形式和美学的典型联系“设计”一词。虽然形式和美学肯定是用户体验的重要组成部分，但它们需要与功能相结合，才能向用户提供最好的体验。UX 设计关注的是形式与功能相辅相成，而不是其中一个对另一个进行妥协。

2015 年，唐纳德・诺曼（1993—1996 年担任苹果用户体验架构师）和布鲁斯・托格纳奇尼（Bruce Tognazzini，苹果 66 号员工，首个人机界面指南的作者）合作的一篇长文很好地阐述了这种设计理念，文章中批评了苹果手机和平板电脑的操作系统设计 1。诺曼和托格纳奇尼都是苹果公司早期的员工，他们认为苹果曾是以用户为中心的设计的领军者，却在后来失去了它的方向。他们的批评集中在 iOS 缺少一些实用的可供性上，比如一个用于撤销操作的后退按键，并且，许多它所拥有的可供性都没有标志物。

1 Norman, Don and Tognazzini, Bruce. “How Apple Is Giving Design A Bad Name.” *Fast Company*. www.fastcompany.com/3053406/how-apple-is-giving-design-a-bad-name.（最近更新日期 2015 年 11 月 10 日，访问日期 2020 年 6 月 2 日）

苹果的触摸交互依赖于第二天性的概念。人类与生俱来地会学习和适应与世界交互的新系统，并迅速熟悉它们，成为一种本能[1]。我们在手机上划来划去，用手指缩放的时候，就是在经历这个过程。然而，苹果公司在触摸交互方面所做的研究不止于此，还设计了各种不同手势的用途。有兴趣的话，可以去苹果专卖店，用三根手指或手掌以不同的方向和模式划过各种设备的屏幕。很有可能会发现许多意想不到的功能。

诺曼和托格纳奇尼发现的问题是，大多数用户都没能自然而然地发现这些触摸手法的存在。屏幕上没有显示这些功能的存在，而且很少有用户会为了了解这些功能而对操作系统进行试验或阅读说明书。因此，实际上，这些功能对大多数用户来说是不存在的，只会让他们在想做其他事情却意外地触发这些功能时感到困惑。这就导致了负面的交互。

如果想让用户重复不断地做某件事，那么用户对做这件事的体验有什么样的看法至关重要。接触事物时，人们通常会倾向于建立行为习惯，他们认为，这样做是有益且令人愉快的。

用户体验描述的是与产品互动的整体体验

BOB：如果我要做什么事的话，我不会用 iPad，不会用手

1 Bhalla, Jag. “Inheriting Second Natures.” *Scientific American*. https://blogs.scientificamerican.com/guest-blog/inheriting-second-natures/.（最近更新日期 2013 年 4 月 25 日，访问日期 2020 年 6 月 2 日）

机，当然也必不可能喊 Alexa。我会打开电脑，用移动鼠标和点击的方式完成一项复杂的任务。这不仅是因为电脑有一个更快的处理器，还因为处理复杂任务时用这种方式更方便。

GAVIN：诺曼和托格纳奇尼指出了这一点。当施乐公司和苹果公司在开发第一个点击式图形用户界面时，他们就考虑到了 UX 的原则，尽管当时这个词还没有发明出来。

BOB：如今的触摸屏在这方面却反而退步了。实现多点触摸互动的技术似乎是史蒂夫·乔布斯所说的“自然手势”。在许多方面，手势本身优先于功能。几乎显得有点瞧不起那些不知道如何用手指缩放、轻扫或划动的方式来与 iPhone 交互的人。搞得好像手势比功能本身更重要似的。

GAVIN：2007 年，苹果公司关于 iPhone 的第一个广告全程在展示 iPhone 的使用方法（顺便提一下，AT&T 代为支付了所有广告费用）。就好像苹果公司把广告的目的定为展示使用说明书一样。这是个惊人的花招。谁会在营销上花费数亿美元来向人们展示如何使用一个产品啊？而苹果还在争辩说触摸明明就是很简单，但哪个先出现，说明书广告还是手势？

BOB：在我们步入 AI 的新纪元时，这是一个关键的考虑因素。我们似乎没有将触摸交互的功能发挥到与电脑鼠标交互相同的境界。但试着解决这个问题的同时，我们必须也要留心其他方面。AI 带来了所有类型的新交互的可能性。语音交互是最常见的，这要归功于智能助手。但除此以外还有更多。比如手势交互：会有个摄像头观察动作，比如在智能电视前举起你的手，或者像微软的 Kinect 一样。计算机开始读取面部表情和检测情感，甚至出现在房间里对 AI 而言也是一个数据。在未来，甚至可能出现神经交互，脑电波直接从你的大脑传到电脑上。

BOB：距离实现神经交互还很遥远。但我明白你的意思，尤其是语音交互。因为向用户传达可供性的机会更少，所以语音交互在实现可用性上是很困难的，比触摸交互还难。在基于显示屏的交互中，作为设计师，你可以提供视觉可供性来让人们识别信息。而对语音交互而言，交互是通过自然语言，这看上去对我可以提出的无限个问题敞开了大门。

GAVIN：这些都是当前科技领域面临的重要问题。但是 UX 人员并不总是决策者中的一员，虽然大部分时候，他们都应该参与制定重大决策。

要点

UX 描述的是与产品交互的整体体验。

结语

下一章将探讨 AI 和 UX 领域（曾被称为人机交互和人因）同步但相互独立的发展，并考虑相关的历史和交叉点，以帮助我们从过去吸取教训并做出更好的设计。我们还将讨论几位心理学家的故事，以及他们的工作如何影响了 UX 和 AI。在第 3 章中，我们将研究当今 AI 的状况，以及 UX 在哪些方面发挥了作用，哪些方面没有。我们还将阅览人机交互的一些心理学原理，这是交互的一个关键组成部分。在后面的章节中，我们将提出并论证我们的 AI 成功的 UX 框架，并讨论其对未来的影响。

第 2 章

AI 与 UX：平行发展史

在这一章中，我们将带你回顾 AI 和 UX 的一些关键里程碑，指出我们从这两个领域的构成中得到的教训。虽然 AI 和 UX 的历史源远流长，但我们将专注于其中特定的部分。

如果我们回过头来看看 AI 和 UX 是如何作为独立的领域起步的，沿着这段历史的河流顺流而下，可以提供经验教训和见解的一个有趣的角度。我们相信，这两个领域相结合后，AI 将取得更大的成功。

UX 是一门相对现代的学科，它起源于心理学领域；随着科技的发展，它被称为人机交互（HCI）领域。HCI 的目的是优化人们对科技的体验。HCI 是关于设计的，它认为：为了改善用户体验，设计师对产品的初版设计可能需要进行修改 (我们将在本章后面更详细地讨论这个问题)。由此可以看出，HCI 强调的是一个交互的过程。在交互的每一步，计算机和人类都可以而且应该有机会后退一步，为对方提供反馈，以确保双方都能做出积极的贡献，并合作愉快。AI 为这种类型的交互开辟了许多可能性，因为由 AI 支持的计算机正变得能够像真正有血有肉的个人助理那样去了解作为用户的人类。这将造就一个更好的 AI 助手，一个比单纯的操作工具更有价值的助手：一名伙伴，而不是一个仆人。

图灵测试及其对 AI 的影响

至于 AI 确切起源自何处，目前还有待商榷，但出于实际考虑，我们选择从计算机科学家艾伦·图灵的工作开始说起。1950 年，图灵提出了一个测试，用于确定一台计算机是否可以说是表现出了智能。他认为，一台智能计算机是会被一名人类当成人类的。他的实验以几种形式表现出来，以测试计算机的智能。最简单的形式是用户向一个未知身份的回答者（人类或是计算机）提出一个问题，后者将匿名给出答案。如果用户不能以至少 50% 的正确率判断出回答者的身份，那么计算机将被认为拥有了智能，也就通过了“图灵测试”。

定义

图灵测试是一种方法，旨在通过提出一系列问题来评估人类是否无法区分作答者是人类还是计算机，以确定计算机是否拥有智能[1]。

图灵测试已成为衡量 AI 的标准，特别是对认为如今的 AI 不能说是真正的“智能”的 AI 反对者而言。然而，另一些 AI 的反对者，比如哲学家约翰·希尔勒（John

1　Mifsud, Courtney (2017). “A brief history of artificial intelligence.” *Artificial Intelligence: The Future of Humankind*. Time Inc. Books. pp 20–21.

Searle）[1]，则提出：图灵将看起来像人类的机器归类为智能的说法可能显得有些荒唐，因为图灵对智能计算机的定义只局限于模仿人类的机器[2]。希尔勒认为，图灵测试中忽略了意向，AI 的定义超出了计算机语法的能力范围[3]。埃隆・马斯克对智能的看法与塞尔相似[4]，他指出 AI 只是将任务委托给了考虑个别因素的组成算法，而没有能力自行考虑复杂的变量，因此这就证明 AI 根本就不是真正拥有智能。

据我们所知，目前没有任何计算机能够通过图灵测试，尽管最近谷歌 Duplex 的演示（预约理发）已经非常接近了[5]。谷歌 Duplex 的演示非常吸引人，因为它们代表了自然语言的对话案例。录音中，谷歌的语音 AI 给人类接线员打了个电话预约理发，还向一位餐厅老板娘打了个电话

---

1 译者注：加州大学柏克利校区的哲学教授，对语言哲学、心灵哲学、和理智等问题领域的探讨做出了重大的贡献。他有一个著名的 TED 演讲，题为“我们共有的状态：意识”。

2 Searle, John (1980). “Minds, Brains and Programs,” *The Behavioral and Brain Sciences*. 3, pp. 417–424.

3 Günther, Marios (2012). “Could a machine think? Alan M. Turing vs. John R. Searle.” Universite Paris IV Unite de Formation et de Philosphie et Sociologie. https://philarchive.org/archive/MARCAM-4.（最近更新日期 2017 年 3 月 30 日，访问日期 2020 年 6 月 16 日）

4 Gergshorn, Dave. “Elon Musk and Mark Zuckerberg can’ t agree on what AI is, because no one knows what the term really means.” Quartz. https://qz.com/945102/elon-musk-and-mark-zuckerberg-cant-agree-on-what-ai-is-because-nobody-knows-what-the-term-really-means/.（最近更新日期 2017 年 3 月 30 日，访问日期 2020 年 6 月 16 日）

5 Oppermann, Artem. “Did Google Duplex beat the Turing Test? Yes and No.” Towards Data Science.com. https://towardsda-tascience.com/did-google-duplex-beat-the-turing-test-yes-and-no-a2b87d1c9f58.（发布日期 2018 年 5 月 8 日，访问日期 2020 年 6 月 16 日）

预约[1]。令人着迷的是，设计进AI的话语中的语言和非语言线索（如Duplex的停顿和音调变化）被人类成功地理解了。从表面上看，Duplex与人类进行了对话，人类似乎没有意识到电话的另一头是一个机器在运作。我们不清楚谷歌究竟经过了多少次迭代才得到了这样的例子。但在这个演示中，机器，通过语言和非语言线索，似乎成功引导了人类的对话，而人类丝毫没有觉察到打电话的是个机器，也没有产生任何负面反应。

AI具有明显的人类元素

BOB：不管图灵测试是否是AI的有效试金石，它都对我们对AI的定义产生了深刻的影响。

GAVIN：图灵测试吸引了对AI的未来感兴趣的大众的注意力。图灵测试作为一种模仿游戏具有内在的简明性，它提出了一个问题：计算机能骗过人类吗？

BOB：流行科幻小说让图灵测试出现在了电影中，如《机械姬》（*Ex Machina*）中，就明确应用了图灵测试。还有《银翼杀手》（*Blade Runner*）中，哈里森·福特扮演的主人公测验一个女人是人类还是“复制人”时，也用到了图灵测试。

GAVIN：可以肯定的是，图灵对计算机和我们对智能的认识所造成的影响是毋庸置疑的。

1 Leviathan, Yaniv & Matias, Yossi (2018). “Google Duplex: An AI system for accomplishingreal-world tasks over the phone.” https://ai.googleblog.com/2018/05/duplex-ai-system-for-natural-conversation.html.（发布日期2018年5月8日，访问日期2020年6月16日）

要点

纵观AI的短暂历史，人们一直想让AI具有人类的特质。

随着AI的不断发展，需要避免的一个陷阱是将AI定义为与人类相提并论的机器。这可能太局限了，因为只用于补充人类决策的话，AI的价值就被大大低估了。此外，如果简单地根据图灵测试来定义AI的话，AI的发展可能会导致人们高估程序的智能。

AI的智能该如何归类

计算机科学中最“大名鼎鼎”的程序之一是由麻省理工学院的教授约瑟夫·维森鲍姆在1966年写的。该程序被称为Eliza。这个名字来自于萧伯纳的戏剧《皮格马利翁》[1]中的角色卖花女Eliza Doolittle，她对口才和礼仪很有研究。在这个程序中，维森鲍姆建立的互动模式类似于罗杰斯[2]心理治疗师回复病人的方式。

对Eliza提出的问题，对话人只需输入回答。

Eliza与人对话的例子

Eliza：告诉我你遇到了什么问题。

1 译者注：*Pygmalion*，又名《卖花女》，1938年翻拍为同名黑白片。1956年，改编为音乐剧《窈窕淑女》，1964年，又改为同名电影，由奥黛丽·赫本主演。

2 译者注：Carl Rogors（1902—1987），心理学家，人本主义创始人，首创非指导性治疗（又称“案主中心治疗”），强调人具备自我调整以恢复心理健康的能力。

人：我很抑郁。

Eliza：你感到抑郁有多久了？

人：自从我女儿离开家后。

Eliza：请继续说。

人：我不希望她惹上麻烦。

Eliza：如果她惹上麻烦，对你而言意味着什么？

如此等等……

要点

用户和程序之间的这种对话给人的印象是Eliza体现了类人的智能。因为感觉对话很自然，所以计算机肯定是智能的。但是，这是否构成了智能？智能所需的只是糊弄过人类就行了吗？

Eliza是成功的，人们可能已经向它倾注了生命。但是，在所有这些对话中，并没有学习算法来仔细分析数据。事实上，由于当时是1966年，维森鲍姆写Eliza的代码并没有被保存下来多少。一些人宣称维森鲍姆通过他的程序解决了自然语言。

维森鲍姆最后对自己的程序进行了检讨[1]。Eliza更像是对卡尔·罗杰斯的模仿。这个程序不懂心理学，只是用

1 Campbell-Kelly, Martin (2008). "Professor Joseph Weizenbaum: Creator of the 'Eliza' program." *The Independent*. Independent News and Media. www.independent.co.uk/news/obituaries/professor-joseph-weizenbaum-creator-of-the-eliza-program-797162.html.（发布日期2008年3月18日，访问日期2020年6月16日）

语义逻辑来回答问题。但由于它感觉起来和人一样，所以被赋予了智能。这是一个说明 AI 会让大众自行发挥想象力的例子。这使得 AI 很容易被过度炒作。

炒作的影响

对于 Eliza 而言，炒作是由用户带来的。在其他例子中，炒作可能来自其创造者、投资者、政府、媒体或市场力。

从历史上看，AI 盛名之下，其实……

过去，AI 有一些形象问题。2006 年，《纽约时报》的约翰・马尔可夫[1]在一篇关于 AI 成功的报道中，将 AI 称为“数十年来徒有虚名”[2]。

最早尝试发展 AI 的领域之一是机器翻译，起源于二战后克劳德・香农和诺伯特・韦弗的信息理论，当时，在破译代码以及关于语言的普遍原则的理论方面取得了实质性进展[3]。

---

1 译者注：John Markoff，《纽约时报》高级科技记者，普利策奖得主，被誉为“硅谷独家大王”，对互联网的发展有着惊人的洞察力与敏锐度，专注于机器人与人工智能领域的报道，是报道谷歌无人驾驶汽车的第一人，更是乔布斯等科技大咖高度信赖的记者。

2 Markoff, John. “Behind Artificial Intelligence, a Squadron of Bright Real People.” *New York Times*. October 14, 2005. www.nytimes.com/2005/10/14/technology/behind-artificial-intelligence-a-squadron-of-bright-real-people.html.（发布日期 2005 年 10 月 14 日，访问日期 2020 年 6 月 16 日）

3 Hutchins, W. John. “The history of machine translation in a nutshell.” www.hutchinsweb.me.uk/Nutshell-2005.pdf.（最近更新日期 2005 年 11 月 1 日，访问日期 2020 年 6 月 16 日）

定义

机器翻译是通过电脑程序将一种语言翻译成另一种的翻译方式。

机器翻译最重要的例子是现在著名的乔治城大学和IBM的联合实验[1]。在1954年的一次公开演示中，乔治城大学和IBM的研究人员开发了一个程序，该程序成功地将许多俄语句子翻译成了英语。这一演示被各大媒体竞相报道。在那个冷战最激烈的时候，一台可以将俄语文件翻译成英文的机器对美国的国防利益而言非常有吸引力。许多新闻头条——例如“双语机器”——严重夸大了机器的能力[2]。这些报道加上对机器翻译的大量涌入投资，导致了对机器翻译未来能力的疯狂预测。《基督科学箴言报》引用一位参与了该实验的教授的话说，用于“几个领域中的重要功能领域”的机器翻译可能有望在3到5年内投入使用[3]。一时间，炒作盛极一时。然而，现实却很“打脸”，机器只能翻译250个单词和49个句子。

事实上，这个程序专注于翻译化学领域的一组狭义的科学语句，但新闻报道更多地关注的是实验中包含的一组精选的“不太具体”的例子。根据语言学家威廉·约翰·哈钦斯

1 Hutchins, W. John. “The Georgetown-IBM Experiment Demonstrated in January 1954.” In Conference of the Association for Machine Translation in the Americas, pp. 102–114.Springer, Berlin, Heidelberg, 2004.

2 Hutchins, “Georgetown,” 103.

3 Hutchins, “Georgetown,” 104.

（William John Hutchins）[1] 的说法[2]，即使是这几个不太具体的例子也与科学语句具有共同的特征，使系统更容易分析它们。也许是因为这些相反的例子很少，报道乔治城大学和 IBM 的联合实验的人领会不到翻译政策文件或报纸这样复杂和动态的东西比翻译一组定义的静态句子要困难很多。

乔治城大学和 IBM 联合开发的翻译器在最初的测试中似乎很智能，但经过进一步的分析，证实了它的局限性。一方面，它基于严格的基于规则的系统。只使用了六个规则来对从英语到俄语的整个转换进行编码[3]。显然，这并无法充分体现翻译任务的复杂性。另外，语言只是宽泛地遵循着规则，想要证据的话，看看任意一种语言中的大量不规则动词吧[4]。不用多说，该程序是在狭小的语料库上训练的，其主要功能是翻译科学语句，这只是翻译俄文文件和通讯的第一步。

这个早期的机器翻译公开测试以似乎通过了图灵测试的 AI 为特色，但这一成就具有欺骗性。

---

1 译者注：专门从事机器翻译的英语语言学家和信息科学家，1960 年获得诺丁汉大学法语和德语文学学士学位，1962 年获得伦敦大学学院图书馆学文凭。

2 Hutchins, "Georgetown," 112.

3 Hutchins, "Georgetown," 106–107.

4 例如，动词"to walk"遵循一个规则结构：I walk, you walk, she walks, we walk 和 they walk。然而，动词"to be"是非常不规则的：I am, you are, he is, we are 和 they are。在许多语言中，常用到的动词的结构和用法都是不规则的。

不要以为计算机是战无不胜的

GAVIN：乔治城大学和IBM的联合实验是一项机器语言计划，开始时是为了翻译某些化学文件的演示。这吸引了大量投资，刺激了接下来十年间对机器语言的研究。

BOB：现在回过头来看，你可以争论把在化学领域稍有成效的东西广泛应用在所有俄语上是否可行。这似乎过于简单了，但是，在当时，这个化学术语语料库可能已经是最好的数据集了。在过去70年里，语言学领域有了很大的发展，现在人们认识到语言要繁杂得多。

GAVIN：尽管如此，主旋律还是普遍执迷不悟地认为计算能力可以找到一个模式并解决英语和俄语之间的相互翻译。我怀疑研究人员是否清楚这项工作的局限性，但正如格林斯潘（Alan Greenspan）[1]的那句名言“非理性繁荣”所描述的与股市有关的炒作一样，期望越高，失望越大。

要点

我们千万不能觉得计算的力量可以战胜一切。在一个领域（化学领域）展现出的前景或许不能被广泛推广到其他领域。

公开展示该程序的乔治城大学和IBM的研究人员可能选择了隐藏他们的机器翻译的缺陷。他们通过将翻译限

1　译者注：美联储第13任主席，著作有《我们的新世界》《世界经济的未来版图：危机、人性以及如何修正失灵的预测机制》。

制在机器可以处理的科学语句上来做到这一点。在演示过程中，机器翻译的几个句子很可能是因为适用于系统的严格限制的规则和词汇才被选中的[1]。

图灵测试作为智力衡量标准的弱点，可以从记者和赞助人对乔治城大学和 IBM 的联合实验中欺骗性的类人结果的引起炒作的第一反应中看出[2]。当看到一台机器似乎能够以接近人类译者的准确度来翻译俄语句子时，记者们[3]以为自己看到的能力肯定大大超出了程序的真实水平。

然而，这些记者忽视了乔治城大学和 IBM 的联合实验中技术的有限性，或是根本就对此一无所知（实验的组织者可能通过选择性地公开展示的方式向他们做出了这样的暗示）。如果不用研究人员事先选择的几个句子，而是用其他的句子对机器翻译进行测试，就不会显得如此令人印象深刻。记者们写了一些文章，夸大了这项技术的能力。但这项技术却没有跟上天花乱坠的炒作。将近60年过去了，机器翻译仍然被认为是不完美的[4]。

要点

炒作对产品被判定为成功还是失败会起到很大的影响。

---

1 Hutchins, “Georgetown,” 110.
2 基金公司为此投了几千万美金。
3 Hutchins, “Georgetown,” 103.
4 “Will Machines Ever Master Translation?” *IEEE Spectrum*. https://spectrum.ieee.org/podcast/robotics/artifi-cial-intelligence/will-machines-ever-master-translation.（最近更新日期2013年1月15日，访问日期2020年6月16日）

AI 的失败导致了 AI 寒冬

这种非理性炒作所造成的一个最具破坏性的后果是对 AI 研究的资助被暂停了。如前文所述，乔治城大学和 IBM 的联合实验的炒作和预期的成功导致了对机器翻译研究的巨大兴趣和投资的大幅涌入；然而，随着人们开始意识到机器翻译面临的真正挑战极度困难[1]，这种研究很快就停滞了。到 20 世纪 60 年代末，机器翻译已经彻底过气。哈钦斯特别提到资金削减与 1966 年发布的《语言与机器》（ALPAC）报告有直接的联系[2]。

由美国科学和国家安全领域的几个政府机构赞助写就的 ALPAC 报告对机器翻译提出了严厉的批评，暗示在翻译俄语文件的任务上，机器翻译的效率比人工翻译低，成本却更高[3]。报告说，计算机充其量只能作为人工翻译和语言学研究的工具，本身并不能独立翻译[4]。报告接着提到，机器翻译的文本需要人类译者进一步编辑，这似乎违背了用它来代替人类译者的初衷[5]。报告的结论导致了此后多年机器翻译的经费大幅减少。

在一段关键部分，报告用乔治城大学和 IBM 的联合实验作为证据，证明在投入了十年的努力后，机器翻译并

1 Hutchins, “Georgetown,” 113.
2 Hutchins, John. “ALPAC: the (in)famous report.” 最初发表于 *MT News International14 (1996)*. www.hutchinsweb.me.uk/ALPAC-1996.pdf.（访问日期 2020 年 6 月 16 日）
3 Hutchins, “ALPAC,” 2, 6.
4 Hutchins, “ALPAC,” 6.
5 Hutchins, “ALPAC,” 3.

没有进步。报告将乔治城大学和 IBM 的翻译软件与后来乔治城大学的机器翻译的结果直接进行了比较，发现原来乔治城大学和 IBM 翻译软件的结果比后来的结果更准确。不过，哈钦斯认为，最初的乔治城大学和 IBM 的翻译软件不是对最新机器翻译技术的真实测试，而是“旨在引起关注和资金”的作秀[1]。然而，ALPAC 却将后来的结果与乔治城大学和 IBM 的翻译软件进行对比，好像以为它是 AI 能力的真实展示似的。即使机器翻译在 20 世纪 50 年代末和 60 年代初实际上有所进步了，但进步与否是根据炒作来判断的，而不是原本的真实能力。

由于机器翻译是 AI 最重要的早期形式之一，这份报告对整个 AI 领域产生了影响。ALPAC 报告和相应的特定领域的机器翻译寒冬是连锁反应的一部分，最终导致了第一个 AI 寒冬的到来[2]。

定义

AI 寒冬是 AI 研究和投资明显停滞的时期。在这些日子，AI 开发声誉不佳，成为了一个棘手的问题。这导致对 AI 研究的投资减少，进一步加剧了问题。我们确定了两种类型的 AI 寒冬：一些是特定领域的，只影响 AI 的某个子领域；另一些是全面的，整个 AI 研究领域都会受到影响。

---

1 Hutchins, 113.

2 Bostrom, Nick. *Superintelligence: Paths, Dangers, Strategies*. New York: Oxford University Press, 2014. 8.

如今，含有AI的很多科技有着不同的术语，比如专家系统、机器学习、神经网络、深度学习和聊天机器人等等。这些重新命名的领域大部分始于20世纪70年代，当时AI一词背负恶名。20世纪50年代AI的早期发展后，这个领域一度非常热门，与现在没有太大区别，只不过规模小了点。但在接下来的一两年里，资助机构（特别是美国和英国政府）将这项工作归类为失败并停止了资助，这是有史以来第一个全面的AI寒冬[1]。

AI因长期资金短缺而遭受了重创。为了避免受到AI新出现的坏名声的影响，AI研究人员不得不想出一些不提到AI的新术语，以获得资金。因此，在AI寒冬之后，出现了像专家系统[2]这样的新标签。

鉴于如今AI的前景看上去一片大好，可能很难想象另一个AI寒冬或许即将来临。过去，尽管在AI方面投入了大量精力和资金，但AI的进展很容易停滞不前，并出现悲观看法。

如果AI真的进入了另一个寒冬，我们认为一个重要的成因会是AI设计师和开发人员忽视了UX对于一个设

1 Schmelzer, Ron (2018). "Are we heading into another AI winter?" Medium. https://medium.com/cognilytica/are-we-heading-to-another-ai-winter-e4e30acb60b2.（发布日期2018年6月26日，访问日期2019年9月4日）

2 译者注：早期人工智能的一个重要分支，须具备三个要素：领域专家知识、模拟专家思维和达到专家级别的水平。著名的专家系统有ExSys（第一个商用专家系统）、Mycin（诊断系统）和Siri（语音专家系统及个人语音助手）。

计的成功起到了怎样重大的影响。还有另一个成因，那就是科技融入日常生活的速度。在20世纪50年代，许多家庭都没有电视或电话。现在对应用的要求要高得多；用户不会使用UX不佳的应用程序。随着AI被嵌入到越来越多的用户期望更高的消费者应用程序中，AI不可避免地需要更好的UX。

在ALPAC报告之后的第一个AI寒冬与政府停止与机器语言工作相关的资助有关。在美国，这种投资冻结一直持续到1970年代。1973年的莱特希尔报告进一步地加深了投资方的负面印象，并导致AI的负面新闻报道持续增加。詹姆斯·莱特希尔（James Hendler）爵士向英国议会提交的报告结论与ALPAC的结论相似。直斥AI夸大其词，没有兑现承诺[1]。

改名换姓的AI

BOB：那么，是乔治城大学和IBM联合实验中的基础理论和技术存在缺陷，还是只是炒作导致了失败？

GAVIN：我认为两者皆有。ALPAC报告丝毫不留情面，引发所有机器翻译研究项目的崩溃，一个特定领域的AI寒冬。围绕机器翻译的大肆炒作被证明是谬误的，导致了资金的巨幅削减。

BOB：是的，带有“机器翻译”或“人工智能”等术语的资金申请消失了。与“不要一杆子打翻一船人”的古

1 Hendler, James. “Avoiding Another AI Winter.” *IEEE Intelligent Systems*, 2008. www.researchgate.net/publication/3454567_Avoiding_Another_AI_Winter.（访问日期2019年5月15日）

老谚语不同，一个子领域的重大失败会使整个领域都变得可疑了起来。这就是炒作的危害。如果它与产品的实际能力不匹配，就很难再获得信任了。

GAVIN：第一个全面AI寒冬形成了一种模式，最初看上去很有前景，随之而来的是大肆炒作，接着是失败，接踵而至地就是未来资金的冻结。这个循环为AI领域带来了严重的后果。但科学家很聪明；AI从灰烬中重生，再度绽放，但这一次换上了新名字，比如专家系统（机器人学进步的重要促成因素）。

BOB：所以，在新的名称下，AI在20世纪80年代获得了来自美国、英国和日本的私营公司的超过10亿美元的新投资。

GAVIN：实际上，因为日本在AI方面的进步，为了跟上日本的步伐而引发了美国和英国的国际竞争。突出的例子是欧洲信息技术研究发展战略计划（European Strategic Program on Research and Information Technology），战略计算倡议（Strategic Computing Initiative）以及美国的微电子和计算机技术公司。不幸的是，炒作再度出现了，当这些公司未能兑现其高远的承诺时，第二次AI寒冬[1]在1993年悄然来临。

要点

在AI的历史上，已经出现过多轮繁荣与萧条的循环。

1　Hubbs, Christian (2019). “The dangers of government funded artificial intelligence.” Mises Institute. https://mises.org/wire/dangers-government-funded-artificial-intelligence.（最近更新日期2019年3月30日，访问日期2020年8月26日）

另一个 AI 寒冬会到来吗？它已经来了

人们常常忽视过去的教训，希望这次会有所不同。下一个 AI 寒冬是否会在我们有生之年发生呢？实际上，AI 寒冬已经来到了我们眼前。

想想苹果的语音助手 Siri。Siri 一开始的功能并不完善。Siri 的“测试版”版本大张旗鼓地推出后，很快，苹果公司就在随后的 iOS 更新中发布了更正式的版本，这些版本比最初的版本有更多功能和更高的可用性，很多用户可能用不着花太多时间适应 Siri 了。然而，用户已经形成了对 Siri 的印象，考虑到 AI-UX 信任原则，这些印象是会持续很久的。我不想说的太过分，但一个坏“苹果”（发布过早）会让整筐苹果都坏掉。

Siri 对 Cortana 的影响

BOB：如果有 Siri 的粉丝在读这本书的话，我觉得吧，相比以前的语音助手，苹果已经做得非常出色了。多年前在小贝尔公司工作时，我们经常测试语音助手。Siri 比我们实验室中的任何项目要都领先许多。

GAVIN：Siri 是第一个实现主要市场渗透的智能助手。2016 年，行业研究员卡罗琳娜·米拉内西（Carolina Milanesi）发现，98% 的 iPhone 用户至少给过 Siri 一次机会[1]。这是大规模使用产品的非凡成就。

BOB：问题是持续使用。当这98%的人被问及他们使用的频率时，70%的人回答“不怎么用”或“偶尔用”。简而言之，虽然几乎都尝试过，但大多数人都没再继续用Siri了。

GAVIN：苹果大肆炒作Siri的语音理解能力，吸引了大众的目光。但过了一段时间，大多数用户听到“对不起，我不明白你说了什么。”这样的回答后都感到非常失望并在一开始经历几次失败后放弃了它。

BOB：让这么多人去尝试一款专门为日常使用（例如，“Siri，今天天气怎么样？”）设计的产品，而这些人却几乎都选择了不再使用，这不仅仅是一种遗憾，还是商业上的巨大损失。努力让客户尝试一些东西并失去这些客户，这种行为无异于往井里投毒。

GAVIN：即使是现在，如果听到Siri的提示音（“bee boom”），我背上还是会冒冷汗，因为我一定是不小心按到了它。但是这种冒冷汗的感觉对其他语音助手产生了负面影响。问问自己：你有没有试用过小娜Cortana（微软在Windows操作系统上的语音功能）？你试过吗？哪怕只有一次？为什么不试试呢？

BOB：不。我从没试过。因为对我而言，小娜Cortana只是另一个Siri。事实上，我转用安卓的部分原因是

1　Milanesi, Carolina. “Voice Assistant Anyone? Yes please, but not in public!” Creative Strategies. https://creatives-trategies.com/voice-assistant-anyone-yes-please-but-not-in-public/.（最近更新日期2019年6月16日，访问日期2020年6月26日）

Siri 太蹩脚了。

GAVIN：在与微软小娜 Cortana 的设计开发团队交谈时，他们大声争辩，说他们的语音助手小娜 Cortana 与 Siri 有多么不同（或更优秀）。但由于失去了信任，使用 Siri 的人倾向于将 Siri 与小娜 Cortana 联系起来。

BOB：如果问一个人有没有用过三星手机的语音助手 Bixby，对方肯定会一脸茫然。

要点

若是违反了 AI-UX 的信任原则，可能足以阻止用户尝试类似、但更有竞争力的产品。这可以说是一个特定领域的 AI 寒冬。

这些对 Siri 的负面情绪延伸到了其他被认为与 Siri 相似的智能助手上。当其他智能助手出现时，一些用户已经将他们对智能助手的体验归为了一类，并得出了自己的结论。这种情况的直接影响是降低了采用的可能性。举个例子，只有 22% 的 Windows 电脑用户用过微软小娜 Cortana[1]。

最终，在这场 AI 寒冬中，微软小娜 Cortana 受到的打击可能比 Siri 本身还要大，因为 Siri 挺过来了，仍然存在着。而微软小娜 Cortana 则最终被重新定位，成为了一个次要的服务。2019 年，微软宣布，今后，他们打算让微软小

1 Bacchus, Arif. "In the age of Alexa and Siri, Cortana's halo has gone dim." Digital Trends. www.digitaltrends.com/computing/cortana-is-dead/.（最近更新日期 2019 年 2 月 16 日，访问日期 2020 年 6 月 16 日）

娜Cortana成为各种智能助手和操作系统用户的“技能”或“应用”，让他们获取使用微软365生产力应用程序的用户的信息[1]。这意味着微软小娜Cortana将不再能与Siri相提并论。

与Siri不同，微软小娜Cortana在推出时就是一个能力强大的智能助手，特别是在生产力这一功能上。它的“笔记本“功能，仿照人类个人助理的笔记本，记录了客户的习性，提供了无可匹敌的个性化水平[2]。微软小娜Cortana的笔记本功能还允许用户删除它收集的一些数据。这一隐私特性超过了其他所有智能助手[3]。

尽管有这些不同寻常的功能，但用户根本不为所动。Siri让许多人对智能助理留下了糟糕的印象，他们过不了这个坎。

此外，交互也成了Siri的一个问题。对你的手机说话伴随着社会耻辱感（social stigma）。2016年，创意策略公司的行业研究表明，在公共场合对智能手机说话的“羞耻感”是许多用户不经常使用Siri的一个重要原因[4]。语音助手使

---

1 Warren, Tom. “Microsoft No Longer Sees Cortana as an Alexa or Google Assistant Competitor” *The Verge*. www.theverge.com/2019/1/18/18187992/microsoft-cortana-satya-nadella-alexa-google-assistant-competitor.（发布日期2019年1月18日，访问日期2020年6月16日）

2 Beres, Damon. “Microsoft's Cortana Is Like Siri With A Human Personality.” Huffpost. www.huffpost.com/entry/microsofts-cor-tana-is-like-siri-with-a-human-personality_n_55b7be94e4b0a13f9d1a685a.（发布日期2015年6月29日，访问日期2020年6月16日）

3 Hachman, Mark. “Microsoft's Cortana guards user privacy with 'Notebook'.” *PC World*. www.pcworld.com/article/2099943/microsofts-cortana-digital-assistant-guards-user-privacy-with-notebook.html.（最近更新日期2014年2月21日，访问日期2020年6月16日）

4 Reisinger, Don. “You' re embarrassed to use Siri in public, aren't you?” *Fortune*. http://fortune.com/2016/06/06/siri-use-public-apple/.（最近更新日期2016年6月6日，访问日期2020年6月16日）

用起来最羞耻的地方——公共场所，恰恰是智能手机的常见使用场合。笔记本电脑的许多常见使用场合（工作场所、图书馆和教室）也是如此。尽管根据我们非常不科学的观察，最近越来越多的人在使用手机上的语音识别服务了。

Alexa 的出现

BOB：也许我们不容易想到 Siri 最初糟糕的 MVP（最简可行产品，Minimum Viable Product）版本体验所造成的影响，是因为这次 AI 寒冬只持续了几年而不是几十年。随着亚马逊的 Alexa 的出现，智能助手重新获得了新生。

GAVIN：但看看为了让大众试用这个语音助手，亚马逊做出了什么改变。Alexa 有一个全新的外形，放在厨房台子上，看着像一个黑色方尖碑。这改变了使用的环境。设备的摆放位置为 Alexa 的使用提供了视觉提示。

BOB：这也让亚马逊能够推出比 Siri 功能更多的 Alexa。亚马逊决心从亚马逊 Fire Phone 的失败经验中吸取教训。Fire Phone 有语音助手功能，但亚马逊的 CEO 杰夫·贝索斯不想让 Alexa 只是个 MVP 版本。他有更大的野心。

GAVIN：几乎在一夜之间，杰夫·贝索斯投入了 5000 万美元，并委托 200 名员工“构建一个能对语音指令做出反应的云端计算机，就像《星际迷航》中的那个一样。”[1]

---

1 Bariso, Justin (2019). “Jeff Bezos Gave an Amazon Employee Extraordinary Advice After His Epic Fail. It’s a Lesson in Emotional Intelligence. The story of how Amazon turned a spectacular failure into something brilliant.” Inc. December 9, 2019. www.inc.com/justin-bariso/jeff-bezos-gave-an-amazon-employee-extraordinary-advice-after-his-epic-fail-its-a-lesson-in-emotional-intelligence.html.（发布日期 2019 年 12 月 9 日，访问日期 2020 年 6 月 16 日）

要点

Alexa作为一个语音助手出现，突破了同类产品无法突破的人工智能寒冬，但它需要一个完全不同的形式来让用户尝试它。而当用户尝试后，杰夫-贝索斯决心不让用户体验到MVP版本，而是要大得多。

“利克”和UX的起源

在早期计算时代，computer被看作是通过让计算变得更快，来扩展人类能力的一种手段。事实上，在20世纪30年代，Computer指的是对以计算为工作的人[1]。但也有少数人对计算机和计算有不同的看法。有一个人预见到了计算的未来，他就是J. C. R. 利克莱德[2]，也被称为“利克”。利克一开始并不是一名计算机科学家；他是一位实验心理学家，更准确地说，是一位备受瞩目的心理声学家，也就是研究声音感知的心理学家。利克曾在麻省理工学院的林肯实验室工作，并在20世纪50年代启动了一个项目，向工程系学生介绍心理学，这是未来的人机交互（HCI）大学项目的前身。

1　Montecino, Virginia. “History of Computing.” George Mason University. https://mason.gmu.edu/~montecin/com-puter-hist-web.htm.（最近更新日期2016年11月20日，访问日期2020年6月16日）

2　译者注：美国心理学家和计算机科学家，被认为是计算机科学和通用计算机历史上最重要的人物之一，。他是最早预见到现代交互计算及其在各种应用的人之一；也是互联网的先驱，被誉为“阿帕网之父”。

定义

人机交互这一研究领域致力于了解人们如何与计算机互动，并将某些心理学原理应用于计算机系统的设计[1]。

利克成为了麻省理工学院人类因素小组的负责人，他的工作从心理声学过渡到了计算机科学，因为他坚信数字计算机最好与人类搭档，以增强和扩展彼此的能力[2]。在他最知名的论文《人机共生》[3]中，利克描写了一个计算机助手，它可以在被提问时作出回答，进行模拟，以图形形式展现结果，并根据过去的经验来推断新情况的解决方案[4]。（听起来有点像 AI，对不对？）他还在 1963 年构想了“星际计算机网络”，这个想法预测了现代互联网的诞生[5]。

最终，利克的专业知识得到了认可，他成为了美国国防部高级研究计划局（ARPA）信息处理技术办公室（IPTO）的负责人。在那里，利克全心投入了他在计算机工程方面

1 Carroll, John M. & Kjeldskov, J. (2013). “The encyclopedia of human-computer interaction. 2nd Edition.” Interaction Design Foundation. www.interaction-design.org/lit-erature/book/the-encyclopedia-of-human-computer-interaction-2nd-ed/human-computer-interaction-brief-intro.（访问日期 2019 年 8 月 26 日）

2 Hafner, Katie and Lyon, Matthew. *Where Wizards Stay Up Late: The Origins of the Internet*, pp10–13, pp28–47. New York: Simon & Schuster (1996).

3 Licklider, J. C. R., “Man-Computer Symbiosis,” IRE Transactions on Human Factors in Electronics, vol. HFE-1, 4–11.（访问日期 2019 年 8 月 26 日）

4 “Joseph Licklider.” https://history-computer.com/Internet/Birth/Licklider.html.（检索日期 2019 年 6 月 30 日）

5 Licklider, J. C. R. (23 April 1963). “Topics for Discussion at the Forthcoming Meeting,Memorandum For: Members and Affiliates of the Intergalactic Computer Network.” Washington, D.C.: Advanced Research Projects Agency, via KurzweilAI.net.（检索日期 2019 年 8 月 18 日）

的新事业。他得到了超过1000万美元的预算，以启动他在《人机共生》中提到的愿景。在HCI和AI的相互交织中，利克是最初资助AI和互联网先驱马文·明斯基、道格拉斯·恩格尔巴特、艾伦·纽维尔、赫伯·西蒙和约翰·麦卡锡[1]的工作的人。通过利用这笔资金，他催生了我们今天所知的许多与计算有关的”东西”（例如，鼠标、超文本、分时系统、窗口、平板电脑等）。谁能预料到，一位本是实验心理学家的计算机科学家，有一天会被称为“互联网界的苹果佬约翰尼”呢？[2]

人工智能与人类相辅相成

GAVIN：Bob，你是利克的忠实粉丝。

BOB：理由非常充分。利克是第一个将心理学原理融入计算机科学的人。他的工作为计算机科学、AI和UX奠定了基础。利克提出了一个对UX至关重要的想法，也就是可以且应该利用计算机来实现人与人之间的高效协作。

GAVIN：你确实可以在科技中看到这一点。计算机已成为进行通信和协作的主要媒介。我可以和远在地球另一端的人开会，并与他们合作完成同一个项目。这对我们来说似乎理所应当，但这与20年前确实天差地别，

1　“Joseph Licklider,” History-Computer,https://history-computer.com/Internet/Birth/Licklider.html.（检索日期2019年7月30日）

2　Waldrop, M. Mitchell (2001). *The Dream Machine: J. C. R. Licklider and the Revolution That Made Computing Personal*. New York: Viking Penguin. p. 470.

更不用说在利克所在的时代了。

BOB：我们现在所处的世界中，计算机不仅是计算器，还是人与人之间交流的主要媒介。这一愿景来自利克和其他像他一样看到了数字技术促进交流的潜力的人。

要点

利克奠定了当今AI发展方向的基础，AI和人类是互补的。

利克的传奇在其他人身上得到了延续，特别值得注意的是罗伯特（鲍勃）·泰勒。泰勒深受利克在《人机共生》中的思想影响，并具有与利克类似的从心理学家到心理声学家再到计算机科学家的经历。利克和泰勒在1962年相遇，当时利克在ARPA，是IPTO的负责人。他们在1968年共同撰写了一篇题为计算机作为通信设备[1]的论文，说明了他们对使用计算机来加强人类通信的共同看法[2]。他们在论文的开头写了以下两句话：

> 几年后，人们将能够通过机器进行比面对面更有效的交流。这个说法可能令人大吃一惊，但这就是我们的结论。

在当时，利克和泰勒在1968年描述出的未来世界一定让人觉得非常不可思议。而快进到今天，我们的生活充满了视频通话、电子邮件、短信和社交媒体。这表明在20

1 J. C. R. Licklider; Robert Taylor (April 1968). "The Computer as a Communication Device." *Science and Technology*.

2 "Robert Taylor." Internet Hall of Fame. www.internethalloff-ame.org/inductees/robert-taylor.（访问日期2019年7月9日）

世纪 60 年代，人们对计算机的想法和现在是多么大相径庭以及利克和泰勒在当时是多么具有前瞻性。这篇论文清楚地展现了互联网和我们如今的通信方式。

泰勒最终接替利克成为了 IPTO 的负责人。在那里，他着手开发了一种允许用户访问存储在远程计算机上的信息的网络服务[1]。他注意到的一个问题是，他资助的每个团队都是孤立的社区，无法相互交流。他想要将这些社区相互连接起来的愿景孕育了阿帕网（ARPANET），并最终迎来了互联网的诞生。

结束了在 IPTO 的工作后，泰勒最终来到了施乐帕克研究中心（PARC，帕罗奥多研究中心）并管理计算机科学实验室，一个研究崭新的发展中的计算技术的先驱实验室，并带领这个实验室把世界改造成了我们如今熟知的样子。我们还会在本章中讨论施乐帕克研究中心。但是，首先，让我们回到 AI 的世界，看看在这个时期正发生着什么。

专家系统和第二轮 AI 寒冬

ALPAC 报告对机器翻译进展迟缓的结论引发第一轮 AI 寒冬之后，科学家们最终做出了调整，并拟议研究新的 AI 概念。也就是 20 世纪 70 年代末和 20 世纪 80 年代崛起

1　Hafner, Lyon, Where Wizards Stay Up Late.

的专家系统。专家系统不专注于翻译，而是一种使用基于规则的系统来系统地解决问题的 AI[1]。

定义

专家系统基于一套 IF-THEN 规则运作，并利用“知识库”在某种程度上模仿专家的行为来执行任务。

根据爱德华·费根鲍姆（Edward Albert Feigenbaum）[2]的说法，专家系统将数学和统计学中的计算机科学的积极影响带到了其他更具实质性的领域中[3]。[4]在 20 世纪 80 年代，随着专家系统在企业环境中的普及，专家系统的受欢迎程度飙升。在 20 世纪 80 年代末和 90 年代初，尽管专家系统仍被用在商业应用中，并作为像电子健康记录系统（EHR）的临床决策这样的概念出现，但随着 AI 寒冬的到来，专家系统的受欢迎程度还是急剧下降了。

费根鲍姆概述了专家系统的两个组成部分：一是“知识库”，一组 IF-THEN 规则，包括特定领域的专家级正式和非正式知识；二是“推理引擎”，一个对知识库的信息进行权衡，以便将其应用于特定情况的系统[5]。虽然，得益

1 Bostrom, Superintelligence, 9.
2 译者注：1994 年图灵奖得主，计算机科学家，专长于人工智能，人称“专家系统之父”。2011 年入选 IEEE Intelligent Systems 人工智能名人堂。
3 Feigenbaum, Edward A. “Knowledge Engineering: The Applied Side of Artificial Intelligence.” No. STAN-CS-80-812. Stanford Heuristics Programming Project, 1980.（访问日期 2019 年 5 月 20 日）
4 Feigenbaum. “Knowledge Engineering.” 9.0.
5 Feigenbaum. “Knowledge Engineering,” 1.2.

于机器学习，许多专家系统可以在没有程序员输入的情况下调整自己的规则，但即使是这些可调整的专家系统通常也依赖于输入的知识，至少一开始是这样。

当专家系统被应用于高度具体的研究领域时，这种对编程规则的依赖就引发了问题。费根鲍姆在1980年发现了这样的问题[1]，他提到，因为很难将专家知识编程到计算机中，所以“知识获取”产生了“瓶颈”。由于机器学习无法直接将专家知识文本转化为知识库，而且许多领域的专家并不具备为专家系统编程所需的计算机科学知识，因此程序员成为了专家和AI之间的中间人。如果程序员曲解或误传了专家知识，由此产生的错误信息将成为专家系统的一部分。如果专家在一个领域中经验丰富，讲述的是前所未闻的知识的话，就特别容易出问题。如果专家不能恰当地表达这种前所未闻的知识，就很难将其编入专家系统。事实上，为了支持专家系统进一步发展，心理学家试图从专家那里解决这个“知识引出“的问题[2]。结果发现，让人们（尤其是专家）以适合机器的规则格式来表达这些知识谈论他们所知道的东西，其实是一个非常棘手的问题。

专家系统架构的这些局限性是导致它最终走向衰落的问题的一部分。专家系统的失败致使AI的发展在长达数年的时间中都总体上处于停滞状态。

---

1 Feigenbaum. “Knowledge Engineering,” 10.4.

2 Hoffman, RR (Ed.). (1992). *The psychology of expertise: Cognitive research and empirical AI*. New York, NY, US: Springer-Verlag Publishing.

我们无法确切说明为什么专家系统在 1980 年代就停滞不前了，尽管对有限形式的 AI 的过高期望肯定是原因之一。但专家系统的被认为是失败的这一点，很可能对 AI 的其他领域造成了负面影响。

AI 开始拥抱复杂性

GAVIN：想想构建“基于规则”的系统需要什么。你需要计算机科学家对“大脑”进行编程，但你也需要输入“信息”，将领域知识作为数据嵌入到系统中。

BOB：当目标是进行机器翻译时，要素是单词和句子。但是，当你构建像自主机器人这样的专家系统时，这项工作会增加一个物理维度，就像在自动化装配线上执行的那样。

GAVIN：大量的知识在发挥作用，将世界变得复杂，这个世界需要一些程序员来编程。其他人则致力于获取知识并创建训练数据集。还有人从事计算机视觉工作。也有人致力于机器人功能，使机械能够有完成物理动作的自由度。让机器自己学习的需要使得我们目前对人工智能的定义变得极为关键。有太多的工作需要做。

BOB：AI 寒冬来了又去，但它们并不是暗无天日的。随着科技的进步，挑战只会变得越来越大。在 AI 的失败中，无论是改头换面还是改变重点，许多人仍在努力，成就了今天这个水平。

要点

AI寒冬凛至，投资少了甚至没了，但AI的挑战性引发了想要推动技术和科学进步的重要人物的关注。

当然，当我们振作起来，继续前进时，我们会铭记失败的经历带来的教训。失败帮助我们为下一次身处十字路口时做更好的准备。我们认为现在AI就处于这样的一个十字路口，因此，专家系统从AI寒冬的失败中吸取的教训可以帮助我们度过难关。AI学者罗杰·香克（Roger Schank）[1]，与费根鲍姆和其他专家系统支持者处于同一时代，桑克在1991年概述了他对专家系统的缺点的看法。香克认为，专家系统，尤其是在风险投资人的鼓励下，过分注重其推理机了[2]。

香克描述说，风险投资人看到了赚钱的机会，于是鼓励开发推理机“外壳”，一种“构建自己的专家系统”的机器。他们可以将这个通用机卖给各种类型的公司，这些公司可以用他们的特定专长来对机器进行编程。香克认为，这么做的问题在于，在专家系统中，推理机起到的作用并不大[3]。香克说，它所做的只是根据知识库中已有的数值来选择输出而已。就像机器翻译一样，围绕推理机的炒作与

1 Schank, Roger C. “Where's the AI?” *AI Magazine* 12/4 (1991): 38–49. www.aaai.org/ojs/index.php/aimagazine/article/view/917/835.（访问日期2019年5月21日）

2 Schank, 40.

3 Schank, 45.

它的实际能力并不相符。

这些推理机“外壳”失去了在程序员的学习过程中的智能。程序员不断地学习特定领域的专家知识，然后将这些知识添加到知识库中[1]。由于没有特定领域的专业知识，香克认为，风险投资人试图创建的外壳根本不是AI，因为AI存在于知识库中，而不是在规则引擎中。

要点

失败可能是灾难性的，但我们可以从中学到宝贵的经验教训。

施乐帕克研究中心与信任以人为本的见解

施乐公司的帕洛阿尔托研究中心（PARC）有一段辉煌的历史，这家以复印机闻名的公司为我们带来了一些有史以来最伟大的创新。在20世纪的最后数十年，施乐帕克研究中心是世界上最顶级的科研机构。施乐公司发挥了主要作用的一些重要创新有：个人电脑、图形用户界面（GUI）、激光打印机、电脑鼠标、面向对象编程（Smalltalk）和以太网[2]。图形用户界面和鼠标让大多数人更容易理解计算机，让他们能够在不必学习复杂的命令的情况下使用计算机的功能。早期系统的设计通过将心理学原理应用于计

1 Schank, 45.
2 Dennis, “Xerox PARC.”

算机软件和硬件的设计而变得更加简单明了。

最伟大的科技界成就源于心理学

BOB：鲍勃·泰勒是施乐帕克研究中心计算机科学部门的负责人，他从他的 ARPA 网络和其他湾区机构（如道格拉斯·恩格尔巴特的扩展研究中心）中招募了最聪明的人才。这些科学家提出了计算机鼠标、基于 Windows 的界面和网络的概念。

GAVIN：施乐帕克研究中心是拥有卓越中心 (COE) 的地方之一，吸引了世界上最聪明的人才。这与我们现在见到的用作业务战略的 COE 截然不同。PARC 就像尼尔斯·玻尔在哥本哈根的研究所（20 世纪 20 年代量子物理学的世界中心），或者战后吸引了受抽象表现主义启发的艺术家的格林威治村，抑或是吸引了灵魂音乐领域最具创意的作家和音乐家的汽车城唱片公司[1]。它充满了活力！

BOB：PARC 确实是一个知识研究所。尽管建立了如此卓越的人才和创新理念的组合，这样一个机构的存续却仍然是短暂的。到 1980 年代，施乐帕克研究中心的科学家开始离散。不过，今天的科技进步从发明和研究转向商业化，在很大程度上是因为施乐帕克研究中心的组建和最终的离散。

1　Kim-Pang, Alex Soojung (2000). “The Xerox PARC visit.” Making the Macintosh: Technology and Culture in Silicon Valley. https://web.stanford.edu/dept/SUL/sites/mac/parc.html.（发表日期 2000 年 7 月 14 日，访问日期 2019 年 8 月 28 日）

要点

施乐帕克研究中心是人机交互在心理学方面取得进步的地方。

埃里克·施密特曾经是谷歌和后来的 Alphabet 的董事长，他（也许有点夸张地）说："鲍勃·泰勒发明了我们如今在办公室和家里使用的几乎任何形式的所有东西。"泰勒是施乐帕克研究中心成立初期的领导者。对于泰勒来说，协作对于他的产品的成功而言至关重要。在 PARC，泰勒和他小组中的其他人通过集体创造力得到见解，并且泰勒经常强调他的小组在工作中的团队要素[1]。

在利克和泰勒打下基础的同时，一群科学家在此基础上认识到了人机交互中存在着一种应用心理学。一个"以用户为中心"的框架在斯坦福研究所和 PARC 中开始成形；这个框架最终在 1983 年由斯图尔特·卡德、托马斯·莫兰和艾伦·纽维尔撰写的《人机交互心理学》[2]一书中得到了阐明。尽管这本书出版的时候个人电脑和互联网还没有普及，但它贴切地描述了人类在与计算机系统互动时的行为。

核心概念表明了计算机作为一名对话者现在正发挥着

1 Berlin, Leslie. "You've Never Heard of Tech Legend Bob Taylor, but he Invented Almost Everything." *Wired*. www.wired.com/2017/04/youve-never-heard-tech-legend-bob-taylor-invented-almost-everything/.（最近更新日期 2017 年 4 月 21 日，访问日期 2019 年 6 月 7 日）

2 Card, Stuart K., Moran, Thomas P., and Newell, Allen. *The Psychology of Human-Computer Interaction* pp. vii–xi, pp. 1–19. Hillsdale, NJ: Lawrence Erlbaum Associates (1983).

作用，并重申了利克 1960 年的愿景。

用户不是一个操作者。他不是在操作计算机，而是在与计算机交流来完成一项任务。也就是说，我们正在创造一个人类活动的新领域：与机器交流，而不是操作机器。（强调是他们的）[1]。

《人机交互心理学》认为，在计算机软件和硬件的设计阶段，应该应用心理学原理，以便让它们与用户的技能、知识、能力和偏好更加兼容[2]。虽然，归根结底，计算机是供人类使用的工具，但它们也需要被设计得能让用户使用时更有效率。简而言之，我们必须了解人们的思维方式，然后调整计算机，来更好地适应用户，这一基本思想来自于卡德、莫兰和纽瓦尔。

艾伦·纽维尔也对一些现有最早的 AI 系统有影响。他将计算机视为人类解决问题过程的数字代表[3]。纽维尔的主要兴趣在于确定人类思维的结构，他认为这种结构最好由计算机系统来模拟。通过建立具有复杂硬件和软件结构的计算机，纽维尔打算创建一个关于人脑功能的总体理论。

纽维尔对计算机科学的贡献是他想要模拟人类认知的一个副产品。尽管如此，他是 AI 最重要的奠基人之一，他带来的发展基于心理学原理。

1　Card et al. *Psychology*, 7.
2　Card et al. *Psychology*, 11–12.
3　Piccinini, Gualtiero. "Allan Newell." University of Missouri-St. Louis. www.umsl.edu/~piccininig/Newell%205.htm.（检索日期 2019 年 7 月 30 日）

心理学和计算应该齐头并进

BOB：试图模拟心灵和大脑的心理学家和试图让计算机具备思考能力的计算机科学家之间的对话很重要。

GAVIN：有时，似乎是同一个人在同时做这两件事。

BOB：是的，计算机科学家和认知心理学家之间的界限很模糊。但是也有像纽维尔和一些其他人一样，将复杂的计算机架构视为理解大脑认知架构的一种方式的人。

GAVIN：这是一支双人舞。一方面是计算机科学家构建复杂的程序和硬件系统来模仿大脑，另一方面是心理学家试图争论如何将人类整合到系统中。一个简单的例子是古老的“绿屏”阴极射线管（CRT）监视器，屏幕上的字符发着绿幽幽的光。据说，当年的硬件技术人员为此伤透了脑筋，因为心理学研究人员认为，如果屏幕上是白色的背景上显示黑色的字符，并且从全大写的字体变成混合大小写的字体的话，从人类性能的角度来看会更好。这是一场冲突，因为让人类更轻松所需的硬件技术与 CRT 迥然不同。即使在这个故事中，你也能看出计算机科学家和心理学家通力合作可以如何让这个领域进步。

BOB：这确实是我们今天所处位置的基础。尽管计算机和大脑的工作方式不同，但像艾伦·纽维尔这样的人的工作为两方面都带来了见解。尤其是在计算方面，将计算机概念化，使其在本质上像一个大脑，有助于在计算方面取得很多进展。

GAVIN：心理学和计算机科学可以携手并进。

BOB：理想情况下确实如此。但并不总是理想情况。例如，在当今世界，大多数公司都在聘请计算机科学家来做自然语言处理，而不是语言学家或心理语言学家。语言不仅仅只是一个数学问题。

要点

心理学和计算机科学应该齐头并进。过去，具有心理学背景的计算机科学家会带来崭新且具有创造性的见解。

在失败后重振旗鼓

AI 寒冬可以通过 AI 研究员蒂姆·门基斯（Tim Menzies）为 AI 绘制的“炒作曲线”来理解[1]。门基斯表示，与其他科技一样，AI 在其职业生涯早期（20 世纪 80 年代中）就达到了“期望膨胀顶峰期”。这是迅速崛起和过度乐观的结果。一旦相信了围绕 AI 的那些炒作的人发现它还有很长的路要走，随之而来的是“泡沫破裂期”（AI 寒冬），如图 2-1 所示。然而，这个低谷并没有持续很久。到 2003 年门基斯制图时，他认为 AI 已经缓慢回升到了一个成功的水平，高于低谷但低于顶峰，也可以称为“稳定盈利的成熟期”。

1　Menzies, Tim. “21st-Century AI: Proud, Not Smug.” *IEEE* 3 (2003): 18–24.

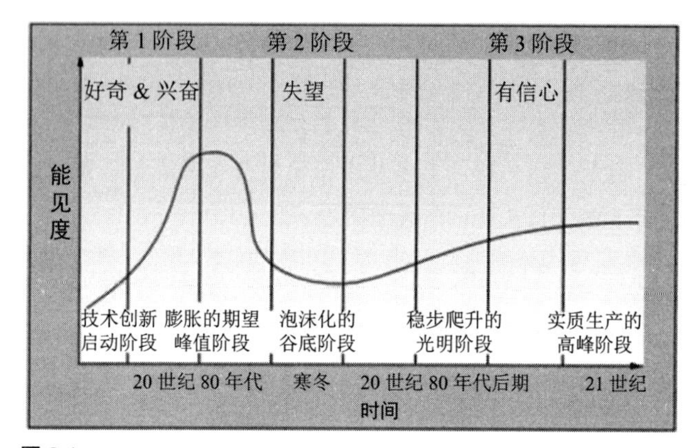

图 2.1
新技术的炒作周期

在 20 世纪 80 年代末的 AI 寒冬之后，AI 逐渐恢复了偿付能力，这个重生的故事可以为我们提供借鉴。AI 重生的关键契机之一是我们之前提到的一种叫神经网络的 AI。神经网络实际上至少可以追溯到 20 世纪 50 年代[1]，但在 AI 寒冬之后的 20 世纪 90 年代才开始流行，作为以不同名义继续 AI 研究的一种手段[2]。神经网络包括了对香克在 1991 年强调的智能的一个属性的强调和新的关注。香克认为，"智能需要学习[3]"，这意味着真正能被称为智能的 AI 需要具备学习的能力。虽然专家系统有许多有价值的能力，但它们鲜少能进行机器学习。人工神经网络为机器学

1 https://towardsdatascience.com/a-concise-history-of-neural-networks-2070655d3fec.（检索日期 2019 年 7 月 30 日）
2 Bostrom, Superintelligence, 9.
3 Schank, 40.

习能力提供了更多空间。

定义

人工神经网络，有时简称为神经网络，是一种AI系统，它大致基于大脑结构，在系统中的人工神经元之间发送信号。该系统具有接收信息的节点层，并根据计算出的权重，将信息传递到下一层节点，依此类推[1]。

神经网络大致有两种类型：监督式的和非监督式。监督式神经网络是在相关的数据集上训练的，研究人员已经为其确定了正确的结论。如果神经网络被要求对数据进行分组，它会根据从受训的数据中了解到的标准来进行分组。非监督式神经网络则不会得到关于对数据进行分组的方法或正确分组可能的样子的指导。如果被要求对数据进行分组，它们必须自己生成分组。

神经网络也有着心理学原理方面的重要基础。大卫•鲁梅尔哈特的工作成果就是这种关系的例证。鲁梅尔哈特与UX先驱唐•诺曼以及其他许多人密切合作，他是一位数学心理学家，他在加州大学圣地亚哥分校担任教授时的工作与纽维尔的工作类似。鲁梅尔哈特专注于在计算机架构中对人类认知进行建模，他的工作成果对神经网络的发展

---

1 Hardesty, Larry (2017). “Explained: Neural networks. Ballyhooed artificial-intelligence technique known as ‘deep learning’ revives 70-year-old idea.” MIT News.http://news.mit.edu/2017/explained-neural-networks-deep-learning-0414.（发布日期2017年4月4日，访问日期2019年8月28日）

非常重要，特别是反向传播，让机器在接触到许多（成千上万的）刺激和反应的实例和非实例时能够“学习”[1]。

费根鲍姆说：“AI 领域……倾向于嘉奖那些对已被充分探索的概念和方法进行重塑和重命名的人。”[2] 神经网络的目标当然是想要解决与专家系统相同的问题：将计算机科技的能力用于定性问题，而不是通常的定量问题。（人类非常擅长定性推理，而计算机在这方面则一窍不通。）特别是监督式神经网络可以被指为换了个名字的专家系统，因为监督式神经网络所依赖的训练数据可以被看成是知识库，而神经元结构则可以被看成是推理机。

AI 能卷土重来归功于它换上了新名字，这个说法有一定的道理；这样做对它在市场上的重新采用起到了很大帮助。毕竟，一旦用户（个人、公司或政府）断定“专家系统”对他们而言百无一用，那么在之后的很长一段时间，他们就不太可能里想尝试任何被称为“专家系统”的东西。如果我们想让 AI 重新出现在他们的视线中，就必须有某种方式向这些用户表明，一项科技与它的前辈截然不同，值得再给一次机会。AI 新子类别的崛起和新的名字看上去似乎已经足以做到这一点了。

然而，给类似的科技换上一个新名字，还不足以重新

---

1 Remembering David E. Rumelhart (1942–2011). Association for Psychological Science. www.psychologicalscience.org/observer/david-rumelhart.

2 Feigenbaum, “Knowledge Engineering,” 10.2.

获得用户的信任。这项科技必须与它的前身有足够的不同，才能显得重命名是合理的。神经网络并不仅仅是改名换姓，稍作改动的新版专家系统。它们在结构和能力上都有很大的不同，特别是那些允许神经网络根据人工神经元产生准确结果的效果来调整其权重的神经网络（即“反向传播”）。这种学习正是香克认为对 AI 至关重要的。

诺曼和 UX 的崛起

随着 AI 的发展，用户体验也在不断变化。神经网络兴起的时间（20 世纪 90 年代初）差不多正好是 1993 年唐·诺曼在创造的“用户体验”一词的时候。HCI（人机交互）最初主要集中在认知、运动和感知功能的心理学上，而 UX 的定义则在一个更高的层次，人们对自己世界中事物的体验，而不仅仅是对计算机的体验。对于如今囊括了烤面包机和门把手的用户体验领域而言，HCI 似乎太过局限了。此外，诺曼和其他一些人很拥护美和情感的作用以及它们对使用体验的影响。社会技术因素也发挥着重要作用。因此，UX 为人与物的互动开辟了一片广阔的天空。这并不是说 HCI 是或曾经是无关紧要的，它只是对我们体验世界的方式有太多的限制。

但是，这将带领我们走向什么样的未来呢？到今天为止，UX仍在继续发展，因为科技是相互依存的，而世界正变得越来越复杂[1]。我们每天都会接触到一些我们没有形成思维模式的东西，呈现着独特功能的界面，以及比以往更丰富、更深入的体验。这些新产品和服务利用了新技术的优势，但人们如何学习与世界上新出现的事物进行交互？采用这些新的交互与新的界面的可能是有难度的。

越来越多的这些界面包含AI算法。十年后，孩子们可能会觉得在电脑上打字是一件很过时的事情，因为他们很小就知道，理解AI自然语言的Alexa可以处理这么多（尽管是很日常的）要求。我们可能没有意识到我们的用户体验是由AI算法管理的。每当设计者/开发者将用户界面浮现给AI系统时，就会有一种体验需要评估。这一界面（UX）是否良好可能决定了该应用是否能够成功。

要点

随着HCI演变成了UX，它就变得与AI更加息息相关。

确保AI嵌入式产品的成功

对编码、设计、管理、营销、维护、资助或仅对AI感兴趣的人来说，探索并了解这一领域和UX的在一定程

1 Nielsen, Jakob (2017). “A 100-Year View of User Experience.” www.nngroup.com/articles/100-years-ux/.（最近更新日期2017年12月24日，访问日期2019年7月30日）

度上平行的演变是有必要的。第 3 章讨论当今 AI 投资的一些垂直领域，在进入第 3 章之前，有必要暂停一下并记录下我们的观察结论：我们极有可能迎来新的一轮 AI 寒冬。

炒作肯定已经开始了。有大量的资金投入到 AI 中。每天都有广告吹嘘一些新应用的惊人伟绩。所有大学都在为 AI 投入资源、教员、学生甚至拨专款建教学楼。但正如前文所述，炒作之后往往会有一个低谷随之而来。

在许多方面，我们需要回到利克利德的观点，也就是人类和机器之间是共生关系。双方都要有自己的贡献。如果了解了对方做什么、何时做、如何做，那么双方都会更加成功。为了让 AI 成功避免进入另一个寒冬，它需要良好的 UX。

AI 正处于一个重要的十字路口。为了明确 AI 如何获得成功，我们必须做出一个关键假设。让我们假设底层代码（算法）是有效的。假设它是实用且有意义的。我们还假设 AI 可以兑现承诺，带来机遇。问题在于，是否这样就可以获得成功了呢？要知道，成功来之不易，需要精心发展和妥善安置，才可能取得成功。谷歌不是第一个搜索引擎。Facebook 不是第一个社交媒体网络。有许多因素使一个产品获得成功，而另一个则沦为历史的注脚。

缺少的要素不是 AI 的速度，甚至也不是发现之前未知的模式的可能。而是构造的产品是否能够利用洞察力或想法并取得成功。要点在于，AI 已经就位了，但围绕它的许多东西需要被塑造、开发，来让 AI 更好用。现在是两个平行发展的领域应该融为一体的时刻。

AI 和用户体验的融会

BOB：我们的计算机科学家和心理学家的故事在什么时候会交汇？HCI 这个词本身不仅代表了计算机，还体现了与人类的互动。

GAVIN：同样，这支双人舞是按照 AI 的时间线进行的。从一开始，人们就对计算的未来以及它如何与人类结合达成了共识。神经网络带来了计算机网络可以模仿人脑的想法。程序员构建了 AI 系统，而认知心理学家则专注于让科技能为人所用。

BOB：现在是时候了。25 年前，我们开始了我们的职业生涯，为了让科技“用户友好”或“可用”而恳求得到预算。如今，一个良好的产品体验不仅只是锦上添花，还明确地与品牌体验和公司价值紧密相连。

GAVIN：人们在谈论苹果品牌时充满了敬意。不仅是产品（如 iMac、iPod 或 iPhone）的设计，品牌体验的设计也花了很多时间和精力。苹果品牌几乎超越了单一的产品。也许是出于必要，企业认识到了品牌体验的价值——随着 AI 嵌入到新产品中，好的设计越发重要。对体验的关注需要重点强调。没人关心 AI 的算法或者是否使用了非监督式神经网络。人们关心的是良好的体验。或者更恰当地说，人们是在为良好的体验花钱。

要点

HCI 的时代已经来临。在这一时刻，AI 技术能否成功的差异化因素在于用户体验。

结语

在下一章中，我们将从三万英尺的高度来探讨 AI。这将描述 AI 运转的核心要素，这样我们就可以探索哪些领域可以应用 UX 来改善 AI 的结果。

需要注意的是，重点不在于详细的技术资料。事实上，让我们假设核心 AI 算法运转良好。作为产品经理、营销人员、研究人员、UX 从业者，甚至是科技爱好者，我们可以做些什么来了解除了程序员和数据科学家以外的人，对产品成功的影响有哪些潜在的差距和机会？下一章会介绍各种 AI 正在兴起的领域，并确定更好的用户体验可以为哪些领域带来改变。

第 3 章

AI 产品涌现：技术无处不在

计算力触手可及。现在一支小巧的手机比十年前的台式机更智能。我们盯着看新闻、查看电子邮件或者玩游戏的小屏幕，其拥有的计算力在几十年前要用一台占据整个房间的大型计算机才能提供。和计算力一起提高的还有连接性，我们可以方便地访问信息。计算力、连接性和数据的融合打开了更多领域的大门。简单地说，这些互相连接的设备构成了所谓的物联网（Internet of Things，IoT）。现在的企业正在为许多这样的设备嵌入AI。从连接物联网设备的支持语音的平台开始，现在人们为这种平台赋予了广泛的意义，也就是为所谓的普适计算引入智能。

定义

普适计算（ubiquitous computing）是指我们在日常生活中与计算机紧密交互，甚至没有意识到自己在使用计算机。[1]

普适计算

GAVIN：过了2020年，我们越来越接近于普适计算的状态。物联网（IoT）规模发生了快速增长，连接性也越来越好，这也许意味着AI能从你的行为中学习并预测你的习惯。例如，家里的恒温器可能知道你喜欢在家里将温度保持在23摄氏度。你去上班时系统会取消制冷，但当你开车回家时，系统又会开始制冷。

1 Witten, Bekah. “Ubiquitous Computing: Bringing Technology to the Human Level.” USF Health. https://hscweb3.hsc.usf.edu/is/ubiquitous-computing-human-technology/.

你甚至不会注意到是什么设备或连接性实现了这一目标。它就是有效。你走进房子：“哎哟，真舒服！”

BOB：你说到了一个关键：“它就是有效。”为了让它“就是有效”，必须通过用户体验建立信任。虚拟助手必须准确理解你要查询什么，将其传达给恒温器，并按时且一致地执行，这样你才会开始信任它。而只有当你信任它时，才会觉得它“就是有效”。

要点

我们正处于普适计算的一个独特时刻，但造成差异的是体验。

向普适计算迈进需要我们开发具有某种用户体验的产品，以减少用户和设备之间的障碍。在医疗技术领域，已经存在许多普适计算工具，连接到物联网的医疗器械。这些本身不一定有 AI，但它们的数据可以提供给 AI 系统。现在有数以百万计的联网医疗器械[1]，未来几年只会更多。

现在，“智能”或“支持联网”的设备数量以数十亿计。每年去拉斯维加斯的消费电子展走一走，你会看到一些非常偏门的“智能”产品：鱼竿、面料、叉子和足球等等。

AI 系统将在非智能设备、AI 系统（自身）和人类之间的交互中发挥作用。一方面，AI 系统可以足够强大，能

1　Marr, Bernard. “Why the Internet of Medical Things (IoMT) Will Start To Transform Healthcare in 2018.” www.forbes.com/sites/bernardmarr/2018/01/25/why-the-internet-of-medical-things-iomt-willstart-to-transform-healthcare-in-2018/#75cf88e54a3c.（最近更新日期 2018 年 1 月 25 日，访问日期 2019 年 6 月 1 日）

收集和合成非智能物联网设备产生的大量数据。另一方面，设计人员可通过为 AI 系统赋予独特的角色和用例，利用从非智能设备获取的数据来进行训练。用户一旦开始将这些用例（使用情景）视为理所当然，用户和 AI 之间的壁垒就会开始打破，这是一件好事。

在将于未来十年间崛起的人类和设备矩阵中，AI 扮演着一个重要角色。不用说，事情发展得很快，非常快。虽然专家系统和神经网络仍是一些最重要的技术系统的基础，但它们作为曾经的流行词，已经被其他更好听的术语取代了：虚拟助手、深度学习、自然语言处理 / 理解等等。IBM 宣称“动态智能”是其 Watson Health（沃森健康）计划[1]的一个强项[2]，该计划是医疗 AI 领域的领导者。正如罗杰 • 香克（Roger Schank）预测的那样，学习和适应已成为 AI 开发的重要组成部分。

神经网络继续为 AI 开发提供可行的架构，即使它们已经有了另一个名字。“深度学习”是我们今天从 AI 一

1 译者注：早在 2011 年，IBM 的计算机项目 Watson 在美国智力竞赛节目《危险边缘》中战胜了两名顶级选手，首次受到关注。IBM 从那时起着手开发基因组学、医学影像、癌症治疗以及药物发现等领域人工智能产品，并在第二年与历史最悠久、规模最大的私立癌症中心 MSK 达成协议，共同训练治疗癌症的 AI 工具。2014 年，先后收购医疗保健数据驱动型公司 Phytel 和 Explorys。2015 年，Watson Health 正式成立，结合数据、技术和专业知识来实现医疗服务的转型。此后，先后收购医疗影像公司 Merge Healthcare 和医疗数据公司 Truven Health Analytics。通过收购，Watson Health 拥有 3 亿患者的生命健康数据。2018 年 5 月末，IBM 内部人士透露，Watson Health 裁掉了约 50% 至 70% 的员工，主要涉及之前收购的几家公司的员工。

2 “About IBM Watson Health.” www.ibm.com/watson/health/about/.（访问日期 2019 年 5 月 29 日）

侧最常听到的术语之一。按照 NVIDIA 的描述，深度学习系统本质上是具有机器学习能力的、多层的、无监督的神经网络[1]。它们和 90 年代的神经网络之间的主要区别在于，和过去的任何系统相比，在无需人工干预的情况下，今天的深度学习系统具有更强大的“学习”能力。

深度学习系统已应用于广泛的领域，这里不便展开篇幅一一介绍。我们将讨论 AI 目前一些更迷人的子领域，包括虚拟助手和自动驾驶汽车。但在此之前，我们想说说 AI 发挥影响的最重要领域之一：医疗。

医疗 AI

医疗保健是一个复杂的行业。涉及人的生命，风险自然很高，但获得高回报和机会的潜力也很高。许多企业将医疗保健作为整合 AI 产品和服务的一个目标领域。

> AI 真真切切地来了，它就是主流，它就在这里，可以改变关于医疗保健的几乎一切。[2]
>
> —IBM CEO 弗吉尼亚·罗曼提（Virginia Rometty）

---

1 “Deep Learning.” NVIDIA Developer. https://developer.nvidia.com/deep-learning.（访问日期 2019 年 5 月 30 日）

2 Strickland, Eliza (2019). “How IBM Watson Overpromised and Underdelivered on AI Health Care.” *IEEE Spectrum*. https://spectrum.ieee.org/biomedical/diagnostics/how-ibm-watson-overpromisedand-underdelivered-on-ai-health-care.（最近更新日期 2019 年 4 月 2 日，访问日期 2019 年 11 月 6 日）

医疗保健很复杂，AI 也许还不能提供全部的底子

BOB：作为面向医疗保健的 AI 系统，IBM Watson 发布时在市场营销上做得太好了。

GAVIN：它始于 2011 年 IBM Watson 在《危险边缘》智力竞赛中击败两名人类选手。那场胜利后，IBM 宣布 AI 已经掌握了自然语言，接着将涉足医疗保健领域。这个步子跨得太大了，以至于留下的问题比答案多。

BOB：从那一刻起，IBM Watson 就被宣传为 AI 医生。IBM 在 2014 年做了一场演示，给 Watson 提供了一系列奇怪的病患症状。Watson 随即给出了一系列可能的诊断方案列表，其中包含可信度和提供支持的医学文献链接。CEO 宣称这是一个新的“黄金时代”的开始[1]。

GAVIN：规范自然语言来玩“危险边缘”和成为医生是两码事。不幸的是，从 2011 年开始，几十亿美元主要就花在如何成为一名医生上，了解症状并制定诊疗方案。Watson 的目标变成了如何成为一名优秀的医生。

BOB：这或许是只信任自己的一个典型例子。你急吼吼地说医疗行业发生了革命，但你设定的路线怕不是太激进了？

要点

医疗保健很复杂，AI 可能还达不到要求的标准。

1 Strickland, Eliza. (2019). “How IBM Watson Overpromised and Underdelivered on AI Health Care.” *IEEE Spectrum*. https://spectrum.ieee.org/biomedical/diagnostics/how-ibm-watsonoverpromised-and-underdelivered-on-ai-health-care.（最近更新日期 2019 年 4 月 2 日，访问日期 2019 年 8 月 19 日）

第 1 章的肿瘤学例子讨论了 IBM Watson。美国医生能从 Watson 这里获得不错的癌症治疗建议，但在韩国医生那里就不行。这个例子说明了要对比两套独立的 AI 结果，而不能简单地合并数据，设置一下地理上下文就行（即标记分别属于美国和韩国的病例）。Watson 因推荐的方案不适合韩国而发生信任危机。不过，从另一方面说，我们认为 AI 还是发现了一些新东西——美国和韩国的肿瘤学家之间正在发生一些不同的事情。或许对这一发现进行深究能带来更好的诊疗方案。医疗保健很复杂，AI 有机会使用已经收集的数据来发现更多的东西。

现在，让我们从不同的角度来看医疗 AI。我们认为医疗 AI 有效地说明了 AI 如何克服恐惧和幻灭。具体地说，医疗 AI 解决了围绕 AI 普遍产生的最重要的担忧之一：人们将失去工作，大量被自动化系统取代。

2011 年成立时，公司发言人称 IBM Watson 将根据大约 2 亿页的数据做出诊断。数据涵盖学术研究、保险索赔和医疗记录[1]。如果这成为现实，医疗 AI 就能完成医生的许多日常工作（虽然可能达不到同级别的准确度，稍后会讨论）。

这自然会让旁观者想象某一天，一些医生，更不用说其他医疗专业人员了，会失业。其中，风险最高的似乎是那些专注于分析任务的医生，因为 AI 在这方面特别擅

1　Mearian, “IBM’s Watson…to diagnose patients.”

长。例如放射科医生，他们的专长是分析医学扫描结果。2016 年，宾夕法尼亚大学内科医生沙鲁巴 • 扎哈（Saurabh Jha）预测，放射科医生将在“10 到 40 年内，但更接近 10 年内”因 AI 而失业[1]。

但事实证明，IBM Watson 在其重点宣传的上面尤其不给力，人们终于可以放下对 AI 导致医疗行业大面积失业的担忧了。丹妮拉 • 赫兰德（Daniela Hernandez）和泰德 • 格林沃德（Ted Greenwald）在《华尔街日报》上就此撰写了一篇文章，具体已在第 1 章讨论[2]。两位作者认为，IBM Watson 之所以未获得理想的效果，原因可能是数据格式不一致，而且癌症研究当前仍处于发展阶段。IBM Watson 目前只能获取学术研究结果，而不能访问医疗记录或保险索赔。无监督或轻度监督的神经网络想要实现自行诊断癌症，只有等到能获取患者信息和患者结果的那一天才可能实现。

在最初阶段 IBM 夸大了自己的产品，这一点在 2018 年变得很明显[3]。开发人员可能高估了它的进步速度。具体地说，据报道，IBM Watson 的肿瘤学程序经常都不准确、

---

1 Jha, Saurabh. “Will Computers Replace Radiologists?” www.medscape.com/viewarticle/863127#vp_3.（最近更新日期 2016 年 5 月 12 日，访问日期 2019 年 7 月 14 日）

2 Hernandez, Daniela and Ted Greenwald. “IBM has a Watson dilemma.” *The Wall Street Journal*. www.wsj.com/articles/ibm-bet-billions-that-watson-could-improvecancer-treatment-it-hasnt-worked-1533961147.

3 Mearian, Lucas. “Did IBM overhype Watson Health's promise?” *Computer World*. www.computerworld.com/article/3321138/did-ibm-put-too-much-stock-in-watson-health-too-soon.html.（最近更新日期 2018 年 11 月 4 日，访问日期 2019 年 5 月 31 日）

不可靠。接受采访的一位医疗保健行业专家表示，IBM Watson的发布操之过急。它需要更多时间来发展其知识库[1]。IBM对Watson不准确的说法进行辩护，称它已帮助很大一部分(2%~10%)癌症患者改用不同的治疗方法，并且经常都和医生的建议一致[2]。

纽约医学院的道格拉斯·米勒（Douglas Miller）和IBM的埃里克·布朗（Eric Brown）在《美国医学杂志》上共同撰写了一篇论文，平息了人们对AI造成医疗行业出现失业潮的担忧[3]。虽然米勒和布朗不排除AI有不一样的未来，但他们认为AI之所以当前无法超越任何医生，是出于准确性和直觉的原因。米勒和布朗建议医生暂时将医疗AI当作一种强大的“工具”，辅助他们进行诊疗[4]。

要点

当前，AI只是增强了人类在医学（和大多数其他领域）的认知，但并不能完全取代。

如果医疗AI能够遵循米勒和布朗的建议，就可以避免像20世纪60年代末机器翻译所经历的那种以炒作为驱动的自由落体。过去十年，医疗AI肯定是承诺过高而交

1 Mearian, “Did IBM overhype…”
2 Hernandez and Greenwald.
3 Miller, D. Douglas, and Eric W. Brown. “Artificial Intelligence in Medical Practice: The Question to the Answer?” *The American Journal of Medicine*, 131/2(2018): 129–133. https://doi.org/10.1016/j.amjmed.2017.10.035.
4 Miller and Brown, “Artificial Intelligence in Medical,” 132.

付不足。但它仍能提供对医生有用的东西。问题是开发人员和医生是否能适应新世界，构建和 AI 当前能力匹配的产品。

事实是，医生已经在尽自己的一份力量。两位作者援引了美国退伍军人事务部一名医生的表态，他说这项服务在搜索相关学术研究方面还是很好用的："凯利医生说，Watson 的建议可能有错，即使是一些经过验证的治疗方法。但他表示，另一方面，在查找相关医学文章、节省时间和偶尔显示医生不知道的信息方面，它既快又好用。"[1]

医疗 AI 可以专注于它擅长的事情，例如，分析大量研究来找出有关联的文章，使医生有更多时间来处理 AI 尚无能为力的诊断任务。还可以用作第二医疗意见（second-opinion）生成器。AI 诊断结果不应该是患者接受的唯一诊断，但它可以为医生提供补充，并可能指出是否还有其他需要考虑的事情。这在美国可能是一个非常重要的工具，因为在美国，有很大一部分病情严重的患者经常被误诊 2。医疗 AI 有助于减少发生错误的机率。

训练 AI 学习只是第一步

GAVIN：有趣的是，IBM Watson 及其从大量医学文献中寻找模式的目标可能是它的第一个失误。

1 Hernandez and Greenwald.
2 有研究称，有 20% 重症患者首先是被误诊的。https://tinyurl.com/magof6z. Bernstein, Lenny.（发布日期 2017 年 4 月 4 日，检索日期 2020 年 5 月 22 日）

BOB：根据定义，扫描文章中的模式是AI的一种形式，但它如何和医生阅读文章的方式对应起来？AI会像人一样看论文中的重点部分？

GAVIN：AI寻找相关性和统计学模式。所以，数十年的医学文献将开创先例。但是，使用新疗法（例如基因疗法）的最新研究怎么样？如果这个新的方向能改变一切呢？最终，大量经过同行评审的出版物会问世。但就目前来说，对于遭受痛苦的患者，AI为最新的开创性研究设置了多大权重？AI如何在大量同行评审和非同行评审的文章中区分开创性研究和孤立研究？医疗保健领域的AI必须致力于改善当今患者的健康状况。

要点

训练AI从历史研究数据和最近发表的尖端新疗法中学习。这只是在复杂的医疗保健行业迈出的第一步。医生需要信任AI，将它的发现融入自己的实践中。

在医学方面，如果AI将自己定位于帮助人类，而不是取代人类，它会提供更好的服务。第2章介绍过的利克会喜欢像这样应用他的AI原则。医疗AI有可能提高医生的准确性，同时不会造成到他们的失业。医疗AI领域的许多产品都是专门为此目的而设计的。Eric Topol（一本关于医疗AI的书的作者）设想了一个未来，AI医生能将更多时间花在单独的患者身上，而不必花许多时间看数十张片子，造成根本没时间专注于任何特定的患者[1]。Topol预测医生能卸下例行工作，有更多时间从事米勒和布朗认为人类最适合做的那种要靠“直觉”的工作。他引用了一些已经用于诊断特定疾病的AI程序，例如检测糖尿病视网膜病变(一种由糖尿病引起的视力受损)的算法。Topol的AI愿景是形成一种协作关系。在这种关系中，医疗专业人员和医疗AI各自负责他们最适合的工作。

AI只是团队的一部分

GAVIN：AI与人类作为一个团队协同工作，比单打独斗好得多。这应该是AI的普适模型。

BOB：如果人们发现AI是在和人类用户合作，它看起来就不会那么可怕或者危险。会觉得它更有帮助。

GAVIN：医疗AI领域为这种共赢关系提供了支持。最初围绕医疗AI有太多炒作，它好象天生就要做许多惊人的事情。但事实证明，说起来容易做起来难。

BOB：这让我想起了20世纪50和60年代的机器翻译。60年代的计算机科学家认为，只要教会了一台机器将一些俄语短语翻译成英语，一个流利的翻译器很快就会出现。医疗AI的设计者可能也犯过同样的错误。让AI在医疗领域完成某些任务是可能的，但让它成

1 Belluz, Julia. “3 ways AI is already changing medicine.” Vox. Last updated March 15, 2019. www.vox.com/science-and-health/2019/3/15/18264314/ai-artificial-intelligence-deep-medicine-health-care.（最近更新日期2019年3月15日，访问日期2019年5月31日）

为广义的医疗智能要困难得多。

GAVIN：但在 ALPAC 报告之后，医疗 AI 似乎找到了避免困扰机器翻译的“行业特有的 AI 寒冬”的办法。如果它专注于自己擅长的事情，目前就是梳理其医学研究文献或提供第二意见，就可以变得非常有用。

BOB：从某种意义上说，“非理性繁荣”给现实蒙上了阴影，导致许多人低估了问题的难度。由于系统仍处于发展阶段，因此必须有责任分配。例如，要允许医生这样说：“这种癌症我现在不想要治疗方案，能不能只把相关的研究给我看看？”但对于这种其他类型的癌症，治疗方案或许是有用的。在这种情况下，也许 AI 可以学习给用户什么样的反馈。

GAVIN：AI 和医生之间的这种合作可能带来更好的方案。想象一下，对于快速传播的一种罕见疾病，医生可能只要求最新的治疗方案。但是，这就是设计重要的地方。程序员可以围绕交互来开发下一波的医疗 AI。

要点

对于一些复杂的工作，AI 可能被危险地夸大，让人误以为它比人类更强。但 AI 的真正价值在于，只有它对自己的优势和局限性有自知之明，就可以成为团队中有用的一员。

在医疗保健行业，人们尤其有为某些先进技术买单的冲动。有时，我们是基于糟糕的假设（甚至是预感）构建应用程序，而不是基于真正的需求。俗话说，拿着锤子的人看什么都像钉子。在 AI 的情况下，就是“这个技术不错，让我们把它应用到所有地方。”或者是更糟、更可怕的谬论：“如果你建了，他们就会来。”在《危险边缘》智力竞赛时期担任 IBM 首席医学科学家的马丁・科恩（Martin Kohn）一度着迷于技术的潜力，但他后来把这称之为陷阱。“仅仅证明你拥有强大的技术还不够，”他说：“要证明它确实会做一些有用的事情，让我的生活更美好，我的病人生活更美好。”[1] 在他离开 IBM 后，仍在医学期刊上寻找同行评审的论文证明 AI 能改善患者的治疗效果并节省卫生系统的资金。“迄今为止，此类出版物的数量很少。”他说，“Watson 似乎也无疾而终了。”[2]

虚拟助手的崛起

第 2 章讨论了语音和虚拟助手在初期不被人看好的情况。Siri 测试版发布后，人们对助手有限的功能感到失望，

1 Strickland, Eliza (2019). “How IBM Watson Overpromised and Underdelivered on AI Health Care.” *IEEE Spectrum*. https://spectrum.ieee.org/biomedical/diagnostics/how-ibm-watsonoverpromised-and-underdelivered-on-ai-health-care.（最近更新日期 2019 年 4 月 2 日，访问日期 2019 年 11 月 6 日）

2 Milanesi, Carolina (2016). “Voice Assistant, Anyone? Yes please, but not in public!” Creative Strategies. https://creativestrategies.com/voice-assistant-anyone-yes-please-but-notin-public/.（最近修改日期 2016 年 6 月 3 日，访问日期 2019 年 8 月 23 日）

进而影响到对虚拟助手的总体观感。这导致了所谓的“行业特有的 AI 寒冬”，这尤其是对微软的 Cortana 产生了巨大影响。不过，亚马逊 Alexa 的出现使人们再次对语音助手产生了兴趣。

让我们探讨一下语音助手能做什么和不能做什么。在研究和设计中，我们有哪些考虑促成了 Alexa 的成功？

超越 Siri

GAVIN：让我们来谈谈 Siri，这是我们最喜欢的、最了解但很少使用的虚拟助手。

BOB：我认为，意外唤醒 Siri 的人多于主动用它实际解决问题的人。

GAVIN：问题就出在这里。我和基于语音的其他虚拟助手的设计师交流过，他们津津乐道于自己的系统与 Siri 的不同之处。他们说 Siri 将错误当成笑话看待。但他们的系统是独一无二的，因为采用了新颖的设计思路，一种能更成熟地进行交互的方法。有些人会说到触发式交互。也就是说，在多次成功执行相同的语音命令后，会在响应中添加一些提示，告诉用户有新的功能或者快捷方式可供利用。而在语音命令失败之后，根据识别到的信息，语音响应也会相应地变化，在其中包含一些帮助。虽然这可能会、也可能不会改善交互，但由于缺乏用户的认同，可能对新功能的发展造成潜在的影响。

BOB：想象一下用于开发微软 Cortana 或三星 Bixby 的好

几百万美元。有多少用户甚至从未尝试过使用？这可能不仅仅是由于他们不喜欢微软或三星，还有一个原因是他们觉得体验和 Siri 一样？

GAVIN：一旦感觉到挫败，或者无法让产品用起来的时候，人们就会这么做。用户常常将一种产品的体验推广到其他类似产品上。这又是一个行业特有的 AI 寒冬。语音助手的新颖设计之所以没能成功，仅仅是因为它们从未获得机会。

BOB：至少就 Amazon Fire 的失败案例来说，有时，聪明的想法可以变个尺寸规格来重获新生，比如变成摆在厨房桌子上的一个方尖碑。

GAVIN：Amazon Echo 为语音助手注入了新的活力，是因为像贝索斯这样的 C 级高管在看到机会时冒了风险[1]。

要点

设计一个成功的产品取决于许多因素，至少要抓住机会推进新功能。回顾较旧的产品设计，找到值得焕发第二春的功能。

虚拟助手开发和部署的革命来自于自然语言处理和自然语言理解的重大进步、高速互联网、云计算以及无处不

1 Bariso, Justin (2019). “Jeff Bezos Gave an Amazon Employee Extraordinary Advice After His Epic Fail. It’s a Lesson in Emotional Intelligence. The story of how Amazon turned a spectacular failure into something brilliant.” Inc. www.inc.com/justin-bariso/jeff-bezos-gave-an-amazon-employeeextraordinary-advice-after-his-epic-fail-its-a-lesson-in-emotionalintelligence.html.（最近更新日期 2019 年 12 月 9 日，访问日期 2020 年 5 月 4 日）

在的微型麦克风和扬声器。但即使这些也没有帮助Siri成功。对Alexa而言，最大的不同在于它嵌入了一个独立的设备Echo。移动虚拟助手不同，是因为它们的主要用途在其他方面，虚拟助手只是更大生态系统中的一项新功能而已。

这意味着与iPhone或PC不同，Echo的设计目的就是充当一个有效的虚拟助手。它在设计之初就考虑到了使用场景（环境）。它的圆柱体形状与营销相结合，意味着Echo在家庭中具有明确定义的用例。

从Echo的成功中可以吸取一个教训、明确定义了用例的产品能有效地帮助消费者了解一类新产品的使用上下文。让我们更深入地探索三个上下文。

使用上下文

虚拟助手在家里使用没什么大不了的，但在棒球场就不方便。对Amazon Echo平台上运行的Alexa，其使用上下文很简单，就是单一用途。事实上，Echo可能终生都呆在同一个房间。更不用说如果每个房间都需要一个，亚马逊还能卖得更多！或许它能根据是在卧室还是厨房进行小幅调整。但是，对于像Siri这样主要靠手机生存的助手，任务就复杂多了[1]。Siri可以在厨房或卧室使用，也可以在车上，

1 大多数(或全部？)虚拟助手也可以在手机等移动平台上使用。

私人办公空间，甚至一些更开放的地方使用（大厅和公共场所等）。借助定位服务，它或许可以针对确切的位置 / 房间定制响应。但是，考虑到各种可能性，用例很复杂。

使用上下文的另一部分不仅包括用户在哪里，还包括他们在做什么。例如，Amazon Echo 用户在厨房的时候可能是在做饭，这时，Alexa 提供计时器或食谱支持可能很有用。Alexa 手头有 60 000 份针对这种情况的食谱。[1] 但他们也可能在厨房里与配偶聊天，在这种情况下，访问他们的共享日历可能更重要。当然，对于移动平台上的助手，上下文的可能性就更多了。

即使虚拟助手被设计为在厨房使用，在这个上下文中，用户仍有可能做各种各样的事情，助手需为此做好准备。

> **要点**
> 人在哪里很重要。知道用户在哪里的 AI 能更准确地提供服务，从而改善使用体验。结合使用上下文来设计的 AI 将更具洞察力。

对话上下文

和虚拟助手交谈时，它应该记住你在说什么。但这说起来容易做起来难。Business Insider 在 2016 年测试了排名前

1 Vincent, James. "Amazon's Alexa can now talk you through 60,000 recipes." *The Verge*. www.theverge.com/2016/11/21/13696992/alexa-echo-recipe-skill-allrecipes.（最近更新日期 2016 年 11 月 21 日，访问日期 2019 年 7 月 1 日）

四的虚拟助手（Siri、Alexa、Google Assistant 和 Cortana），他们向每个虚拟助手询问下一场波士顿凯尔特人队的篮球比赛。四个助理都很好地回答了这个问题，但被问及后续问题“谁是他们当中的最佳得分手？”时，全都晕菜了。几个小助手都不明白“他们”是指上一个问题中的“凯尔特人队”。这是助理迷失于对话上下文的一个例子[1]。使用虚拟助理时，这种情况时有发生。由于疏于跟踪对话上下文，助理经常会中断自然的对话流程。也就是说，助理会忽略刚刚讨论的内容，而在当前的问题中，一些代词可能指代之前提到的主体。

要点

我们已讨论了机器翻译及其在语言方面的挑战。但如果设计成记住上下文，对话是可以改善的。AI 需要从简单的查询转向任务交互，并预测最可能的后续查询，而不是假设对话只有一个问题而没有后续。

对话上下文错误是当今仍然困扰着虚拟助手的最令人沮丧的错误之一。正常对话的人类已经觉得这很难了，更不用说语音对话设计师和程序员了。一个后续问题有时会引用前一个问题，其他时候则是一个全新的问题。但从用户的角度看，自然地进行了追问，却得到不自然的回答，

---

1 “We put Siri, Alexa, Google Assistant, and Cortana through a marathon of tests to see who's winning the virtual assistant race—here's what we found.” *Business Insider*. https://tinyurl.com/ygt6k489.（最近更新日期 2016 年 11 月 4 日，访问日期 2019 年 7 月 1 日）

这很令人沮丧。

之所以有时感觉和助手对话很糟糕，是因为没有遵循人类对话的惯例。跟踪代词只是一个问题，还有其他许多问题。事实上，大多数人类对话都符合语言学家和哲学家保罗·格莱斯 (Paul Grice) 提出的一些沟通准则：量、质、关系和方式，如表 3.1 所示[1]。

表 3.1 格莱斯的 4 个沟通准则

• 量的准则：信息 尽量为当前的交谈提供所需的信息量 但信息不要超过必要的量	• 质的准则：真实 不要说自知虚假的话 不要说缺少足够证据的话
• 关系准则：相关性 要切题，不要跑题	• 方式准则：清楚明了 避免表述不清 避免歧义 简练 (不要啰嗦) 有条理

语音助手需符合人类的对话惯例才能被人类接受。这可以通过遵循格莱斯的对话准则来实现。AI 研究人员要想获得成功，需接受语言学家和心理语言学家已经总结出来的关于人类如何有效沟通的知识。

将格莱斯的准则应用于 Alexa 技能

GAVIN：当我们说“AI 应设计成 ________”时，这是如

1 Grice, H. P. (1975). “Logic and Conversation,” *Syntax and Semantics, vol.3* edited by P. Cole and J. Morgan, Academic Press, and Grice, H. P. (1989). *Studies in the Way of Words*. Harvard University Press.

何发生的？我们是在说一种未来的状态，还是今天就能做到？

BOB：任何会点基本技术的人都能尝试构建 Alexa 能够响应的对话。事实上，我在不知道如何对 Alexa 进行编程，也不知道如何使用 Alexa Skills Kit 的情况下，用 45 分钟就构建好了一个。Amazon 其实是将代码隐藏在用于创建技能的 Web 界面背后。

GAVIN：那么，成为开发者的障碍被消除了吗？拖放想让 Alexa 听的东西就行了吗？

BOB：是的。我不会写代码，但 Amazon 建了一个界面来设计 Alexa 应该说什么，应该听什么，以及应该说什么作为回应。所以，我们建议在设计中加入 UX 原则。

GAVIN：所以，你不是在说算法。你的建议是设计一个遵循对话惯例的语音助手，符合格莱斯准则的那种。

BOB：这是 UX 和 AI 可以融合并使产品更智能的地方，因为它将 UX 原则引入到设计中。在这个例子中，对话上下文会给 AI 带来独特的优势。

要点

我们可以从语言学家已经总结出来的交流模式中学到很多东西。按照格莱斯的准则行事，可以为对话提供信息，并有助于预测后续问题。对错误进行分析，可进行补救或者更正对话。这些是可以在支持 AI 的产品中集成对话上下文的例子。

信息 / 用户上下文

第三种上下文覆盖很广的范围，其中包括服务所访问的资源：关于用户属性的资源，以及在查找东西时帮助用户的资源。毫无意外，谷歌在这两个类别中都堪称典范。他们最擅长收集关于你的数据（这实际上是他们的作案手法）他们利用这些数据来个性化你看到的结果。同样，谷歌可以访问丰富的信息，这也是我们大多数人想要了解某事时首先访问的地方：Google.com。这使它在获取外部信息方面比竞争对手具有明显优势。Alexa 和 Siri 必须依靠外部资源来获取一些信息，例如，一个演员最近的电影角色。

还要考虑 AI 了解说话者的好处。Alexa 和 Google Home 正在努力识别家里是谁在说话，因为用户的信息上下文（例如是妈妈还是爸爸）可以决定 AI 的输出。例如，语音助手如果知道是谁在要它“播放音乐”，它的响应会更切题。

> **要点**
>
> 简单来说，对于虚拟助手执行的任务来说，其核心需要输入（话语）和输出（响应）。如果 AI 在设计时应用了 AI-UX 原则（例如上下文），则 AI 可以产生更有用的体验。

示例：支持 AI 的车子

随着虚拟助手扩展到新领域，所有这些类型的上下文都有重要作用。有移动性的地方（例如汽车）是虚拟助手的一个增长点。目前，汽车是语音助手最流行的用例之一。根据 Voicebot.ai 做的行业研究[1]，虚拟助手在智能手机上每月的用户约为 9000 万，汽车上约为 7700 万，智能音箱上约为 4600 万。

汽车是虚拟助手的一个有趣用例。正如 Vox 记者兰尼・莫拉（Rani Molla）指出的那样，司机在驾驶时不应使用触摸屏，而语音助手似乎是一个完美的替代品[2]。今天的汽车语音助手通常通过智能手机连接，手机可通过苹果 CarPlay 和 Android Auto 等利用汽车的内置连接功能，也可以在没有这些内置功能的情况下发挥作用。这为 Siri 和 Google Assistant 在汽车领域提供了优势，但 Amazon 正在反击，他们为没有内置语音助手的汽车设计了一套名为 Echo Auto 的附件[3]。由于 Amazon 已经在为特定环境制作独立虚拟助手方面享有盛誉，这有可能会成为一个成功的产品。

丰田几年前展示了一款概念车，配备一个名为 Yui 的功能强大的汽车虚拟助手[4]。Yui 根据各种独特的信息上下

1 Molla, Rani. "The future of smart assistants like Alexa and Siri isn't just in homes—it's in cars." Vox. www.vox.com/2019/1/15/18182465/voice-assistant-alexa-siri-home-car-future.（最近更新日期 2019 年 1 月 27 日，访问日期 2019 年 6 月 26 日）

2 Molla, Rani, "The future."

3 www.consumerreports.org/automotive-technology/amazon-alexa-isnt-sosimple-in-a-car/.

4 Etherington, Darrell. "Here's what it's like to drive with Toyota's Yui AI in-car assistant." Tech Crunch. https://techcrunch.com/2017/01/06/heres-what-its-like-to-drive-with-toyotas-yui-ai-incar-assistant/.（最近更新日期 2017 年 1 月 6 日，访问日期 2019 年 7 月 2 日）

文来帮你指路。如果总是周二下班后去杂货店，它到时就会指引你去那里，当然，除非你在数字日历上预订了其他事件。它能自由切换手动和自动驾驶。它会记住你的偏好，也许会记住你更喜欢走大路还是走高速，并在推荐目的地和导航路线时使用它。它甚至可能会根据对你的面部表情的分析来了解这些偏好。也就是说，它集成了基于用户的一个信息上下文。

理解上下文对支持用户至关重要

GAVIN：Yui 只是一个概念，要成为现实还有很长的路要走。但它让我们思考虚拟助手从长远看可以做什么。它是主动的，并集成了不同类型的上下文。对于使用上下文，它似乎将重点放在帮助用户驾驶上。对于信息上下文，它似乎有大量关于用户的信息。而且由于它是上下文驱动的，所以无需用户发出指示即可提供辅助。

BOB：在车子里面提供主动辅助的基础已经有了。想想许多新车的一项功能“车道辅助”或“车道保持”。我最近租了一辆有这个功能的车子。如果在没有打转向灯的情况下偏离当前车道，汽车会（轻轻地）抵抗，回到原车道并播放音频提醒。这是汽车提供主动辅助的第一步。它可能比我更了解当前驾驶情况，因为人有时会分心，比如看手机或者打瞌睡。机器视觉、传感器和指示信号的组合能挽救生命，是良好用户体验的一个例子。

GAVIN：这些是我们短时期内能在移动 AI 领域对用户体验进行的改变。

BOB：我们离 Yui 这样的东西还有很长的路要走。至少还有 10 年吧。这些是很容易想到的用例。我希望 AI 要么自动驾驶我的车，要么辅助我留意路况什么的。例如，即使我没有看到，AI 也应检测到路上的障碍物。或者，甚至知道旁边的车是否处于正常状态（司机是不是喝多了）。总之，帮我注意各种情况。让 AI 帮助我们安全驾驶！

GAVIN：但是，今天已经可以为车内的虚拟助手应用 UX 解决方案。汽车是使用上下文的简单应用场景。用户会问向车内的虚拟助手问什么呢？一般就是问问驾驶路线以及要求播放音乐和收听电台等。当然，还可能问是否收到新的消息。基本就是这样。

BOB：没错，但那是短期的想法。有了对上下文的了解之后，有些事情是有优先级的。例如，旁边可能有一些载重数吨的大车在行驶。如果这时问天气，AI 是不是应该优先告诉我要下雨，而不是提醒我注意路况呢？当然不是。

GAVIN：那么，这两个任务是不是由同一个 AI 系统来执行呢？有发生事故的风险时，也许有一个 AI 负责刹车，另一个完全独立的 AI 回答你的问题。

BOB：我不知道，但如果是这样，两个 AI 肯定要沟通。如果我在路上和助手交谈时不断出现险况，事故辅助 AI 应告诉AI助手它或许应该让我停止问一些无聊的问题。

GAVIN：确实如此。虚拟助手应该为用户提供支持，同时理解安全驾驶的优先级最高，提供信息次之，娱乐再次之。

BOB：像这样的变化能使虚拟助手变得更有用。

要点

虚拟助手要想成功，需要整合三种类型的上下文：使用上下文、对话上下文和信息上下文。

数据科学和插补

和 AI 相似，数据科学最近也引起了很多关注。

定义

数据科学（也称为数据分析）是指对大型数据集进行分析以获得发现。

从大量数据中发现人类无法轻易了解的东西非常诱人。AI 大量时间花在算法上，但令人惊讶的是，花在数据上的时间并不多。很多时候，数据是从历史档案中购买或获取的，然后数据被转给 AI。人们渴望看到 AI 算法拿到数据后会想出什么。人们如此关注算法及其揭示的内容，但是否对提供给机器的数据投入了足够多的关注？

AI 本质上是一个黑盒：一边进数据，另一边出结果，并不能根据结果了解输入，如图 3.1 所示。

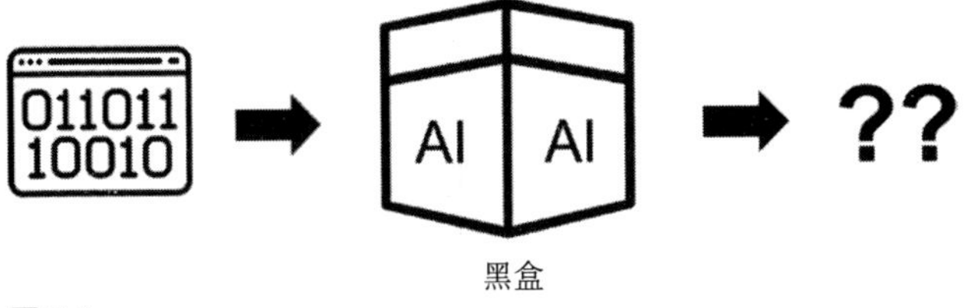

图 3.1
信息进入黑盒（即 AI 过程），从另一边获得 AI 的发现

唐 • 诺曼（Don Norman）是开发信息处理理论并促成早期神经网络发展的团队的一员，他这样说 AI：“现代人工智能的问题在于，它完全基于对海量数据的模式识别。它寻找模式……它读所有文献，但不知道如何推理……不存在理解。”[1] 我们不清楚算法下发生了什么。形成的模式仅仅是统计系数。根本不可能确定是基于什么原理获得的这个输出。

调查数据宝藏

BOB：当我们的 UX 咨询公司被一家顶级市场研究公司收购时，我们才认识到了大数据的真正含义。有海量的数据存在——其中许多能追溯到几十年前。要成为世界级的数据公司，这些东西必不可少。

1　Norman, Don (2016). “Doing design with Don Norman.” Medium Podcast. https://medium.com/@uxpodcast/design-doingwith-don-norman-6434b022831b.（发布日期 2016 年 8 月 24 日，访问日期 2020 年 3 月 18 日）

GAVIN：能用这么长时间跨度的趋势数据来构建AI应用，真是美死了。

BOB：对于在市场研究中理解趋势确实很有用，而且作为AI训练数据也有潜在的价值。为了获得这些数据，最开始是亲自到受访者家里去谈，后来是通过电话进行调查，再后来是在线调查。虽然经历了调查方式的多次变化，但仍有一些调查结果是有价值的。

GAVIN：如果他们使用的是大致相同的问题，作为AI数据源肯定很有趣。

BOB：嗯，有一个担忧。人如果要使用AI生成的输出，就必须理解数据集。有多少开发人员会停下来就收集数据的多种方法提出疑问？数据科学家知道如何权衡不同数据收集方法的影响。但是，AI是会完全忽略这个问题，还是会成为黑盒的一部分？

GAVIN：数据集并非只有数据。它还有元数据（metadata），也就是关于数据的数据。有的元数据可能非常重要，但算法在考虑什么数据重要时，很容易忽略这些元数据。相反，算法可能直接剥离这些元数据，目的只是为了提供“干净的数据集”。

BOB：我担心的正是这个。进行任何调查时，无论是由于设计、技术问题或者受访者的懈怠，几乎总有数据丢失。数据科学家的日常就是用各种技术填充丢失的数据。结果是一个没有缺失单元格的“干净数据集”。

GAVIN：为什么会“故意”丢失数据？

BOB：20世纪70年代，一次60分钟的消费者偏好调查可能是在某人家中边喝咖啡边完成。到了80年代，同样的调查变成了电话采访，然后是在线计算机调查，现在则是用手机完成调查。

GAVIN：但是，谁会花60分钟的时间用手机完成一个调查问卷呢？

BOB：问题恰恰就出在这里。因为研究人员知道很少有人会在手机上花费超过10分钟的时间完成一个调查问卷，所以他们将调查分成几个部分。现在，需要几个参与者才能完成过去跑到别人家里完成的事情。

GAVIN：他们不仅仅是合并数据，还会根据一些公式来填空。这样，你就获得了许多由数据科学家填充的缺失字段。另外，一些搞问卷调查的专业人士告诉我，在一些调查中，多达25%的内容是由人编写的机器人程序完成的，目的是赚一点“啤酒钱”。

BOB：是的，一些数据集缺失了许多数据，而另一些数据集是由机器人而不是真人来填充的。这应该让每个人都停下来。AI的核心是发现模式。AI会不会根据自动填充算法或者机器人程序提供的数据来发现一个匹配度最高的模式？AI会不会认为算法生成的数据具有比真人提供的数据更高的权重？！

GAVIN：这就是所谓的“垃圾进，垃圾出”。但我们永远不知道这一点，因为无法跑到AI黑盒里面去看输出如何、为什么或者在哪里得出的。

要点

这就是 AI 作为黑盒的问题。它最多只能跟它接收的数据一样好。使用的数据至关重要，因为如果我们知道了输入的是什么，内部又发生了什么，就会明白一些 AI 生成的结果或许只是数据科学家用于填空的那些内容的一种再创造。

AI 使用基于人类受访者的调查数据时需格外小心。要严格审查 AI 算法的训练数据。营销公司可能建立一个包含潜在客户的数据库，选举可能准备一个包含潜在选民的内部列表，其中包含许多参数和值。这些就是 AI 工具可能用来训练的数据。数据科学家需了解数据元素是如何获得的，以及缺失的数据是否被填补。了解细节对于 AI 未来的成功至关重要，因为一旦 AI 完成了训练，就无法通过查看“黑盒”内部来了解一个解决方案背后的原因或原理。没有准确的数据，任何依赖于数据科学发现的 AI 程序都是可疑的。

让我们回顾一下这个问题的重点：数据科学家经常在其数据集中缺失信息。如数据集包含的是来自人类受访者的问卷调查或行为信息，就会引发几个问题。要进行正确的分析，数据集中的所有单元格都应填写。如研究人员只是简单地删除包含空白单元格的数据行，结果就会被歪曲或出现偏差——尤其是假如这些行都存在一些容易造成错误结果的变量。所以，数据科学家需要填充这些单元格；这就是插补。

定义

插补（Imputation）是指在数据集中插入值以取代缺失的单元格。通常需要进行数据分析以完成插补。

此外，调查问卷的设计通常会内置插补。有的调查耗时很长，可能需要 30 分钟才能完成。今天，大多数人都不愿意接受这么长时间的调查（即使愿意，其回答质量也可能在调查结束时恶化）。因此，调查问卷的设计者可能将调查分解成更小的单元。例如，每个单元 10 分钟，分别针对一个单独的主题。然后，利用一些共通的数据（例如人口统计特征），研究人员将对这些主题的回答插补到受访者没有参加的其他调查单元中。为了实现这样的插补，要求不同主题单元的受访者具有相似的人口统计特征。

通过调查问卷来开展研究时，插补是一个必要、合理的统计过程，但在作为 AI 训练集使用时可能带来混乱。许多大规模问卷调查都多多少少涉及某种形式的插补。插补数据的方式多种多样，其中许多都包括来自算法的输入。这些由算法生成的插补正是我们担心的。

许多通过数据挖掘而获得的见解都基于在数据集中发现的某种趋势。如果用算法对数据进行插补，该算法在插补时将遵循某种模式。这相当于在数据中引入了一种人为的模式或趋势。AI 学习系统拿到这样的数据集，可能会识别出这种基于算法的模式，并错以为是基于人类行为的真正趋势。

如未明确标记用算法插补的数据，自然会在数据分析过程中产生危险的结果。解决方案是明确标识插补的数据，而且不要剥离重要的元数据。只有这样，数据科学家才能构建正确的训练数据集供 AI 开发人员使用，最终使 AI 系统能像预期的那样分析数据。只有对数据持怀疑态度，AI 才有更好的机会从数据中发现真东西，而不是传导数据天生具有的人为性。

要点

调查数据通常可以至少部分地由算法通过插补生成。在将基于调查问卷的数据集作为训练数据提供给AI之前，先了解多少数据实际是由算法生成的。

推荐引擎

如果用过 Spotify 的“每周新发现”（Discover Weekly）歌单或者苹果 Music 的“音乐新发现”（New Music Mix），说明你已经与推荐引擎进行了互动。

定义

推荐引擎利用算法分析用户过去的行为来判断用户可能喜欢的新内容并进行推荐。

音乐并不是推荐引擎占据主导地位的唯一领域，Netflix 和 Hulu 提供电影和电视推荐，YouTube 有其臭名昭著的右侧边栏，Amazon 网站似乎用推荐产品填补了每一寸额外的空间。甚至 Facebook 和 Twitter 也会向你推荐相关的账号和页面或者推荐“你可能认识的人”。

目前，推荐引擎是各种数字服务产生吸引力的基础。当然，前提是有用。如果频繁推荐不相关的内容或者用户看过的内容，只会带来无休止的烦恼。这些引擎只有短暂的时间尝试抓住用户的眼球。Netflix 研究表明，用户会在 60 到 90 秒后放弃对新内容的搜索[1]。如果用户对推荐的东西失望，可能会“越看越不顺眼”。也就是说，用户很快就觉得推荐引擎无用并开始忽略它。但是，Netflix 和 Spotify 等网络服务会一直调整算法以改进推荐。

在最好的情况下，推荐引擎能使双方互利共赢。Web 服务希望让用户继续浏览、收听、观看和购物，而且根据 Netflix 的研究，推荐引擎为公司节省了超过 10 亿美元。内部研究表明，Netflix 上 80% 的视频观看量来自推荐而不是直接搜索[2]。用户希望找到新的、有用的内容，而推荐引擎可以帮助他们实现。

---

1 McAlone, Nathan. “Why Netflix thinks its personalized recommendation engine is worth $1 billion per year.” *Business Insider*. www.businessinsider.com/netflix-recommendation-engine-worth-1-billion-per-year-2016-6.（最近更新日期 2016 年 6 月 14 日，访问日期 2020 年 6 月 16 日）

2 McAlone, “Why Netflix.”

2014年，Netflix宣布将专注于观看数据的简单引擎更新为基于神经网络的更复杂的引擎[1]。Netflix的推荐算法使用关于用户观看习惯的数据，包括他们看了哪些节目和电影，多快看完这些节目，以及放弃观看哪些节目。算法将这些数据与其他观众的数据以及人类编码员分配给每个Netflix节目的流派和特征代码结合起来，将用户分为数千个“品味用户群组”（taste group）之一[2]。

Spotify的推荐引擎为其“每周新发现”歌单提供了类似的数据收集和子流派分类功能，但还增加了另一个指标：用户歌单配对[3]。如果许多用户都有爱尔兰摇滚乐队小红莓演唱的Dreams中的歌，那么极有可能与Dreams相关。这进一步降低了巧合配对的机率。

许多用户在与小红莓的“Dreams”相同的播放列表中播放的歌曲很可能以某种方式与“Dreams”相关。这进一步避免了“乱点鸳鸯谱”。Spotify还会根据用户的习惯个性化其推荐。2015年，Spotify宣布已建立了类似于Netflix品味用户群组的一个细分的子流派数据库。

---

1 Russell, Kyle. “Netflix Is 'Training' Its Recommendation System By Using Amazon's Cloud To Mimic The Human Brain.” *Business Insider India*. February 12, 2014. https://tinyurl.com/yz8dwb28.（最近更新日期2014年2月12日，访问日期2019年6月15日）

2 Plummer, Libby. “This is how Netflix's top-secret recommendation system works.” *Wired*. August 22, 2017. https://tinyurl.com/yb7vp5ft.（发布日期2017年8月22日）

3 Pasick, Adam. “The Magic that Makes Spotify’s Discover Weekly Playlists So Damn Good.” *Quartz*. https://qz.com/571007/the-magic-thatmakes-spotifys-discover-weekly-playlists-so-damn-good/.（访问日期2019年6月15日）

按照软件工程师索菲亚·乔卡（Sophia Ciocca）的说法，Spotify 使用三管齐下的过程来生成其“每周新发现”推荐。会运行一个矩阵分析，将用户与其他用户进行比较，会用来自艺术家和歌曲新闻报道的自然语言处理数据来确定哪些形容词能描述它们，还会对每首歌曲的音频属性执行神经网络分析[1]。然后，将这些因素与人类护栏（人工指定的限定条件）结合，避免出现诸如向父母推荐儿童歌单的情况[2]。

所有这些个性化措施都可以让“每周新发现”歌单给人一种是手工打造的感觉。从某种意义上说，它确实是手工打造的，根据用户的收听习惯和其他用户打造的歌单而创建，而且在整个过程中都有人工输入。但是，深度学习（可认为是 AI）在其中发挥了作用，而且最终你的歌曲是由算法选择的。

Spotify 用户兼博主埃里克·鲍姆（Eric Boam）记录了他一整年收到的几乎所有音乐推荐，并写了一篇文章将 Spotify 的推荐与来自媒体和其他人的推荐进行了比较。他发现 Spotify 虽然提供了大量推荐，但其成功率低于来自其他人或媒体的推荐[3]。所以，Spotify 的算法似乎还没有

---

1 Ciocca, Sophia. “How Does Spotify Know You So Well?” https://medium.com/s/story/spotifys-discoverweekly-how-machine-learning-finds-your-new-music-19a41ab76efe.（最近更新日期 2017 年 10 月 10 日，访问日期 2019 年 6 月 15 日）

2 Pasick, “The Magic.”

3 Boam, Eric. “I Decoded the Spotify Recommendation Algorithm. Here's What I Found.” Medium. https://medium.com/@ericboam/i-decoded-the-spotify-recommendation-algorithm-hereswhat-i-found-4b0f3654035b.（最近更新日期 2019 年 11 月 14 日，访问日期 2019 年 6 月 15 日）

达到真人推荐的质量。当然，就推荐的量来说，它还是很可以的。

不过，他认为 Spotify 的推荐还是管用的，他有时能通过该服务发现喜欢的专辑。无论如何，让用户与 AI 深度互动是厂商的终级目标，而推荐引擎做到了这一点。“每周新发现”永远不能取代你的朋友的推荐，但也没必要，这些推荐最终还是可能以 Spotify 歌单的形式分享。

推荐引擎是 AI 适配用户体验的一个例子。虽然 Spotify 的推荐引擎实际只有一部分是 AI 系统，但该 AI 系统与其他计算和人类元素无缝融合，建立了一个证明对用户有价值的引擎。这种引擎只是 Spotify 或 Netflix 作为一项服务而产生的吸引力的一部分，但 Netflix 的统计数据表明，它成了留住客户的关键。即使用户并非一直从“每周新发现”或 Netflix 的推荐服务中获得音乐或电影推荐，但在生成这些数字推荐结果的过程中，用户仍然扮演了重要角色。另外，由于用技术手段产生了很大的推荐量，所以还能有效避免用户很快就转移注意力。

要点

AI 也许不是万能的，在推荐等领域能完全取代人类，但它仍然可以成为用户体验的一个有用组成部分。

AI 记者

新闻业在信息时代处于一种独特的困境：虽然是地方和全国最重要的新闻提供方，但处境却越来越岌岌可危。尤其是报纸，可以说是惨遭数字时代的蹂躏。许多小报社都倒闭了，幸存下来的也不得不裁员和减薪。而这一切都可能导致新闻质量下降。新闻热点快速轮换，这本来就会造成记者疲于奔命，现在还不得不在薪酬减少的情况下完成更多的工作。

媒体老板正在寻求削减成本的方法，记者也在苦思如何减少一些机械和死板的工作。这造成了 AI 记者的诞生。2010 年，美国西北大学智能信息实验室的研究人员发布了写稿机器人 StatsMonkey，可以通过统计分析，识别出比赛期间发生的重大事件并总结自动生成棒球赛事报道[1]。到 2019 年的时候，包括《华盛顿邮报》（用 Heliograf 程序）和美联社（用 Wordsmith）在内的主流新闻媒体都在用 AI 写文章[2]。

记者自然害怕机器人抢走自己的饭碗。但事实是，AI 记者的能力还不足以在短期内取代大多数记者。一般来说，

1　"Program Creates Computer-Generated Sports Stories." NPR. www.npr.org/templates/story/story.php?storyId=122424166.（最近更新日期 2010 年 1 月 10 日，访问日期 2019 年 6 月 16 日）

2　Peiser, Jaclyn. "The Rise of the Robot Reporter." www.nytimes.com/2019/02/05/business/media/artificial-intelligence-journalism-robots.html.（最近更新日期 2019 年 2 月 5 日，访问日期 2019 年 6 月 16 日）

AI 记者最擅长的是就公式化的、基于数据的事件（如收益报告和棒球赛事）输出大量回顾性的短文。AI 记者其实也不会完全靠自己写文章，经常会有一个特定类型的模板可以套用[1]。以主流的 AI 新闻项目 RADAR 为例，其运行方式很像专家系统。必须先由真人记者就某个特定主题编码文章格式，还要写好一组 if-then 规则[2]。其他 AI 记者与此相似。虽然 AI 记者可在其受过训练的子领域制作大量内容，但通常无法取代真人记者所做的大部分认知工作（cognitive work）。

2019 年，哥伦比亚大学 Tow Center for Digital Journalism 做了一项研究，研究人员奥黛丽•格拉费（Andreas Graefe）深度使用 AI 记者自动生成与 2016 年美国总统选举投票和预测有关的文章[3]。他认为该项目“非常成功”[4]，因为 AI 就不同的结果发表了数千篇文章。但他也认为，AI 记者要想成功，主题必须涉及经过精心训练的领域，而且处理的是不太复杂的数据。

格拉费发现，如果描述某个候选人时用了“势头”，或者在描述优势时使用了“大”或“小”，那么很难训练 AI 识别诸如此类的定性特征。例如，对于一场胶着的竞选，

1 Peiser, “The Rise.”
2 “Will AI Save Journalism—Or Kill It?” Knowledge @ Wharton, UPenn. https://knowledge.wharton.upenn.edu/article/ai-in-journalism/.（最近更新日期 2019 年 4 月 9 日，访问日期 2019 年 6 月 17 日）
3 Graefe, Andreas. “Computational Campaign Coverage.” *Tow Center for Digital Journalism*(2017). https://academiccommons.columbia.edu/doi/10.7916/D8Z89PF0/download.
4 Graefe, 37.

一个候选人领先 3 个点优势似乎“很大”。而如果只有一个优势竞选者，同样的领先优势就显得“很小”。具体如何定性，要取决于实际情况，因此很难量化，因而很难被编码到 AI 中。

这有效证明了当今 AI 记者的局限性。它们本质上是专为特定脚本和领域设计的专家系统，无法进行自适应或深度学习工作，否则真的可能对人类记者构成威胁。人类可以轻松执行的定性分析对 AI 来说非常困难。但另一方面，AI 可以批量生产没有创意的、平时只能由记者自己写的公式化文章。这就造成了一种共生关系。

2016 年，《华盛顿邮报》在报道选举时部署了 AI。尽管 AI 记者存在局限性，但《华盛顿邮报》还是成功地运用它写了大约 500 篇选举文章，并在报社内部帮助记者注意到了选举数据的意外变化，甚至因为使用机器人而拿了一个奖[12]。2017 年，《华盛顿邮报》聘请了一个新的人类调查记者团队[3]。我们认为这两个事件在时间上可能并不是巧合。

---

1 Moses, Lucia. “The Washington Post’s robot reporter has published 850 articles in the past year.” Digiday. https://digiday.com/media/washington-posts-robot-reporter-published-500-articles-last-year/.（最近更新日期 2017 年 9 月 14 日，访问日期 2019 年 6 月 17 日）

2 Martin, Nicole. “Did a Robot Write This? How AI Is Impacting Journalism.” *Forbes*. www.forbes.com/sites/nicolemartin1/2019/02/08/did-a-robot-write-this-how-ai-is-impactingjournalism/#31e620777957.（最近更新日期 2019 年 2 月 8 日，访问日期 2019 年 6 月 17 日）

3 WashPostPR. “The Washington Post to create rapid-response investigations team.” *The Washington Post*. www.washingtonpost.com/pr/wp/2017/01/09/the-washington-post-to-create-rapid-responseinvestigations-team/?utm_term=.5f4864546f4b.（最近更新日期 2017 年 1 月 9 日，访问日期 2019 年 6 月 17 日）

AI 作为跑线记者

GAVIN：如果《华盛顿邮报》真的能依靠 AI 来输出一些常规性的报道，更多的资金就可以投入到人类最擅长的认知和调查工作上。

BOB：这正是拯救我们的新闻业所需要的，对吗？

GAVIN：对。邮报现在有能力为深入报道投入更多资源。

BOB：所以，AI 可以做一些日常报道，写关于选举民意调查和棒球赛事的枯燥故事。这为调查性的报道释放了资源。

GAVIN：如果 AI 搞砸了会怎样？如果它说我最喜欢的旧金山巨人队以四分的优势获胜，而实际上他们以四分之差输了怎么办？

BOB：好吧，人们很难责怪计算机。但我想这说明了 AI 的美妙之处在于，它暂时只能生成一些后果不严重的报道。如果 AI 只是在短短几个小时内报道了巨人队的错误比分，世界还不至于崩塌。

GAVIN：作为巨人队的球迷，如果我兴高采烈读了整篇关于他们如何获胜的文章，却发现他们实际上是输了，我多少还是有点沮丧的。也许应该有某种方式通知我这个错误。也许他们可以只向看了文章的用户发送推送消息，说文章出现了错误。

BOB：我不确定是否有这个技术，但这是上下文感知预测的一个很好的例子。目前，AI 记者只是人工智能为人类员工提供辅助的又一个例子。AI 只能写关于特定领域的报道，而且是主流记者平常可能不愿意写的那种

报道。涉及更复杂的任务时，只有真正的记者才有能力搞定。就目前来说，对人类记者因 AI 而失业的担忧被夸大了

要点

对于新闻编辑室这样的工作场所，AI 实际上能为人类员工提供帮助，使其能承担更多适合人类优势的认知任务。

AI、电影制作和创新

本章一直在强调这样一个事实，即人类和 AI 各自擅长不同的事情。AI 能进行计算，收集不同的信息来源，并发现一些人类无法轻易发现的东西。但是，仍有很多领域是人类占主导地位的。为了明白 AI 在我们自己的领域击败我们有多远，并了解 AI 和人类如何在更多需要定性的领域协同工作，我们决定研究一下 AI 在电影制作领域的表现如何。

信不信由你，21 世纪 10 年代见证了有史以来第一部 AI 制作的电影预告片。2016 年，IBM Watson 为一部名为《摩根》（*Morgan*）的电影制作了一支预告片。这是一部关于人类与失控的 AI 打交道的恐怖电影[1]。Watson 通过观

1 Alexander, Julia. “Watch the first ever movie trailer made by artificial intelligence.” Polygon. www.polygon.com/2016/9/1/12753298/morgan-trailer-artificial-intelligence.（最近更新日期 2016 年 9 月 1 日，访问日期 2019 年 7 月 6 日）

看和分析其他恐怖电影接受了这项任务的训练，以确定每一幕存在的不同类型的情感。最终，它从电影中选择了10个适合放在预告片中的片段，然后由IBM将它们编辑成预告片[1]。预告片有一些看起来很恐怖或者令人震撼的片段，还有具有正确节奏的配乐。但是，预告片也有点脱节，不同的片断并非总能很好地结合在一起，也很难根据预告片判断电影的情节是什么。AI生成的预告片产生了“恐怖谷”效应[2]，也就是说，感觉它足够接近人工制作的预告片，基本上看得懂，但又足够不同，所以使观众产生了一种怪异的感觉。

电影剪辑结合了认知和情感元素，要求剪辑师了解场景或剪辑的情感共鸣以及如何最好地设计预告片或电影，以最大限度地激发他们想要唤起的情感。正是这些既复杂又情绪化的任务，AI才最无力承担。想想谢丽尔·塔克（Sherry Turkle）[3]对Hello Barbie（第一款能与人对话的芭比娃娃）的批评：AI不能提供同理心[4]。同理心是许多艺

1 20th Century Fox. “Morgan | IBM Creates First Movie Trailer By AI [HD] | 20th Century FOX.” YouTube. www.youtube.com/watch?v=gJEzuYynaiw.（发布日期2016年8月3日，访问日期2019年7月6日）

2 译者注：1970年，机器人专家森政弘（Masalhiro Mori）提出的一种感觉假设，指的是当非人类物体（比如仿生机器人或人偶）与我们人类的相似度到达一定程度（或超越人）时，我们人类会对它们产生恐惧、反感或抵触等各种负面情绪。

3 译者注：在麻省理工学院从事科学与技术社会研究，代表作有《群体性孤独》。

4 “Barbie wants to get to know your child.” Vlahos, James. nytimes.com/2015/09/20/magazine/barbie-wants-to-get-to-know-yourchild.html.（发布日期2015年9月16日，检索日期2020年5月19日）

术的关键组成部分。

这清楚说明了现阶段的 AI 距离能够复制还有很长的路要走。人类能够构建对其他人有意义的连贯叙事（coherent narratives），能唤起受众的情感，传达潜台词，甚至包含美感。AI 不能做任何这些事情。美学很难量化。

因此，AI 在剧本创作方面非常糟糕，也不擅长制作电影预告片。但事实证明，它仍然对动画领域的电影制作人有用。AI 使动画的常规任务，比如修复角色运动或定义中的小细节，变得更加容易。在今天特效为王的电影中，这是一个至关重要的贡献。今天的演员经常扮演那些物理上不可能的、外表需要动画化的角色。曾几何时，这要求演员在绿幕前或录音棚内拍摄所有场景。今天的 AI 可以根据演员的面部人为地生成角色的外观，并允许他们与电影中的其他演员一起表演，在角色的真实外表之上制作动画。最近的《复仇者联盟》和《阿丽塔：战斗天使》就运用了这项技术。它甚至能如此快地生成动画角色，以至于演员能一边拍摄，一边看到自己的动画角色[1]。

AI 特别擅长对机械的任务进行自动化，这并不仅仅反映在电影制作上。在医学 AI 领域，AI 和人也存在类似的协作。不仅如此，整个艺术界都能从中受益。例如在视

1 Robitzski, Dan. “Was That Script Written By A Human Or An AI? Here’s How To Spot The Difference.” *Futurism*. Published June 18, 2018. https://futurism.com/artificial-intelligence-automating-hollywood-art.（发布日期 2018 年 6 月 18 日，访问日期 2019 年 7 月 6 日）

觉艺术领域，Celsys AI 能够为黑白图上色[1]。在音乐领域，Bronze AI 能生成一首单曲的无限版本，每次播放都有一点点变化[2]。在小说领域，有个作者创造了一个 AI 程序，能在作者写科幻故事时参考其他大量科幻小说自动完句[3]。他将该程序设想为一个合著者，它产生的想法可能使人类作者产生灵感。很明显，这三个项目都没有被广泛应用。艺术领域的 AI 还没有到它的黄金时间。

但这些项目使我们能一窥 AI 如何开始进入那些人类技能占优但不利于 AI 的领域。几乎在任何领域，都有一个有用的助手能为我们带来不同的视角和一组对比鲜明的技能。在艺术领域，AI 能完成的定性任务可能更少，但仍然能在某些地方实现自动化，为人类节省大量时间，让他们腾出手去完成其他价值更高的任务。

要点

在艺术领域，人的技能仍然占优。但艺术家已经在为 AI 寻找合适的生态，将人和 AI 的协作带入更需要定性的领域。

1 Lee, Dami. “AI can make art now, but artists aren’t afraid.” *The Verge*. www.theverge.com/2019/2/1/18192858/adobe-sensei-celsys-clip-studio-colorize-ai-artificial-intelligence-art.（最近更新日期 2019 年 2 月 1 日，访问日期 2019 年 7 月 6 日）

2 Christian, Jon. “This AI Generates New Remixes of Jai Paul...Forever.” *Futurism*. https://futurism.com/the-byte/ai-remixes-jai-paul.（最近更新日期 2019 年 6 月 4 日，访问日期 2019 年 7 月 6 日）

3 “Writing with the Machine.” robinsloan.com. www.robinsloan.com/notes/writingwith-the-machine/.

AI

商业是较难建立人与 AI 的关系的 AI 垂直领域之一。有一些 AI 解决方案能寻找新的商机、分析求职者、改善客户服务、解析冗长的法律文件等等[123]。但出于对利润的追求，很难想象商人会放弃他们久经考验销售和招聘方式，改为采用市场上某种 AI 商业方案。这需要构建一个特别能在商业环境中建立信任的 AI 系统。

幸好，感谢为人与人的协作而设计的各种指导原则，人们已经研究出来了如何建立有效的业务关系。我们认为，这些研究是在工作场所建立 AI 与人类关系的一个很好的起点。该主题的重要贡献来自家庭医学领域，但其研究结果同样适合多种类型的企业。美国家庭医生学会期刊 FPM 的研究确定了一种健康的、协作的关系所需要的七个要素：信任、多样性、正念、相互关联、尊重、多样的互动和有效的沟通[4]。

1 Power, Brad. "How AI Is Streamlining Marketing and Sales." *Harvard Business Review*. https://hbr.org/2017/06/how-ai-is-streamliningmarketing-and-sales.（最近更新日期 2017 年 6 月 12 日，访问日期 2020 年 6 月 4 日）

2 "Applications of Artificial Intelligence Within your Organization." Salesforce. www.salesforce.com/products/einstein/roles/.

3 Greenwald, Ted. "How AI Is Transforming the Workplace." *The Wall Street Journal*. www.wsj.com/articles/how-ai-is-transforming-theworkplace-1489371060.（最近更新日期 2017 年 3 月 10 日，访问日期 2020 年 6 月 4 日）

4 Tallia, Alfred F., Lanham, Holly J., McDaniel, Jr., Reuben R., Crabtree, Benjamin F. American Association of Family Practitioners. "Seven Characteristics of Successful Business Relationships." *From Fam Pract Manag*. 2006: 13(1):47–50. www.aafp.org/fpm/2006/0100/p47.html.

这些元素七个有六个对于商业领域的人机交互至关重要，我们已讨论了其中三个。从第 1 章开始，我们广泛讨论了信任对 AI 的重要性。我们还通过调查 AI 与人类的协作关系，讨论了 AI 提供多样性的方式。AI 能为决策过程增加视角的多样性，因为它的计算性质使其摆脱了人类推理时固有的认知偏见。相互关联性类似于上下文，它要求意识到组织内的特定行动和合作者对于大局的影响。

但它也可能让用户更舒适地与机器合作，让机器看起来更友好，不那么令人生畏。

这里不得不又将微软小娜Cortang拿出来当反面教材。微软于 2016 年收购领英后，有传言称其计划将其数据带到小娜 Cortang[1]。这可能会创建一个真正能够在商业和个人事务领域发挥作用的 AI 助手。但不幸的是，这个版本的小娜 Cortang 从未实现。

FPM 的研究人员认为，要实现有效的沟通，需为知道何时进行两种不同类型的交流：文本交流（提供较少的信息和上下文，但快速方便）和面对面或电话交流（提供更多信息和上下文，但繁琐）。商业 AI 可运用类似的方法来决定如何向用户传达消息。虽然 AI 不存在面对面交流的选项，但 AI 和人类之间有几种可能的交流方式，包括来回打字、从菜单中选择和语音接口。一个有效的商业 AI

1 Darrow, Barb. “How LinkedIn Could Finally Make Microsoft Dynamics a Big Deal”. https://fortune.com/2016/06/13/microsoft-linkedin-dynamics-software/.（发布日期 2016 年 6 月 13 日，访问日期 2020 年 5 月 22 日）

可能是建立知道何时使用哪种方式的基础上的。

尊重，对我而言，是几个意思？

BOB：业务沟通七要素现在只剩最后一个了，就是尊重。

GAVIN：尊重和信任有什么区别？

BOB：好吧，通常，当我们尊重某人时，我们也会信任他们。所以，两者很难分开。但在我看来，尊重是超越信任的东西。你可能信任商业AI工具能做一两件特定的事情，但并不会尊重它。我可以信任我的AI能分析我的收益报告并写一份统计报告，但这不意味着我就尊重它。FPM的研究人员认为尊重是“重视彼此的意见”。对我来说，这意味着你要认为它的发现在任何情况下都值得考虑。如果我尊重的一个AI系统告诉我一些发现，即使这种发现和我所有先入为主的观念相悖，我也会倾听它。我会认真对待。

GAVIN：是不是说尊重更笼统，信任更具体？

BOB：对。我就是这样区分的。当然这很困难，因为我们有时会用“信任”来表示我所说的尊重。但现在，我们构建AI是为了重视你的意见，但我可能不会重视它的意见，即使我信任它能做某些事情。AI还必须做到其他所有事情，赢得信任，应用上下文，有效沟通，甚至可能要改变交互方式，才能赢得用户的尊重。

GAVIN：这很多听起来像用户体验。AI需要为用户设计，尊重用户的思维方式，并提供让用户信任的组件。让你信任另一个人的理由和让你信任AI的理由并没有什么不同。

BOB：然而，这种尊重在商业环境中尤其难以获得。因为一旦AI出错，后果会很严重。

GAVIN：一个不在这个列表中的要素是透明度。但或许应该列入其中，因为它是尊重的组成部分。在赢得我的尊重之前，我需要对AI正在做什么以及它为什么这样做有一定了解。我不需要知道所有细节，但我需要知道一些事情。

BOB：听起来像是要在我们的AI-UX框架中加入的东西。

要点

良好的用户体验有助于在AI应用程序中建立信任和尊重。

一些总结和下一步的方向

下一章将更深入地探讨如何在我们可以影响的AI领域（比如数据）施加影响。同样，重点不是特定的AI学习算法或代码，而是我们如何通过数据本身来改进AI？有哪些因素可以对AI产生影响？找出了差距和关注点后，可以做些什么将问题转化为改进产品的机会？从了解数据集问题的人那里可以学到什么以及行业的“大玩家”如何取得解决方案？在某些方面，答案不仅仅是做要做什么事情，而是要做远远超出当前水平的事情，使支持AI的产品能够有更大的机会取得成功。

第 4 章

垃圾进，垃圾出：给 AI 帮倒忙

由于 AI 一直在进化，程序员需要一直改进并完善其算法。第 1 章讲过如何改进算法，以及如何针对不同任务改变其用途。例如克拉格 • 奈伊斯（Craig Nies）描述的名为 Falcon 的信用卡欺诈检测系统，它其实来源于一个用于检测军事目标的可视系统。本质上，是运用区分战场装备与四周地形的模式识别来识别信用卡数据中的欺诈模式。

但同样，假定 AI 代码有效；也就是说，为所有现代 AI 系统提供服务的 AI 算法（无论它们被称为深度学习还是机器学习，或者其他专有名称）都能胜任工作。在这种情况下，重点就从代码转移到为这些系统提供数据的数据集上。对于提供给机器的数据，我们有多少关注？

这里要退后一步，更清楚地定义我们要讨论的空间。AI 是一个广阔的领域。这里以数据为中心的讨论将焦点对准了 AI 产品，这些产品依赖于人的行为、态度、观点等。主动请求（例如调查问卷）和被动获取的数据具有不同的属性（和问题）。本书的大量讨论都聚集于专门从人那里获取的数据。

提供给算法的数据很重要

BOB: 以一级方程式赛车为例。不管引擎多好，成功依赖于围绕车辆的整个生态系统：燃料混合、车手技术以及停站团队的效率等。

GAVIN：使用低级燃料的引擎效能低下。AI 的燃料就是数据。虽然数据科学家可能调整过数据，使之能映射到算法以进行学习，但予以了数据集多大关注？那些数据可能是从一个网站买的，“虽不完美，但还不错”。或者与收集它的研究人员相距遥远。如果数据不再有那么高的品级呢？

BOB：作为 UX 研究人员，我们很清楚从人那里采集的数据就是一团乱麻，包括问题的细微差别、缺失的单元格以及采集时的上下文等。

GAVIN：AI 算法最初获得数据以学习并训练那些模型；那些模型进而被广泛应用于更多的数据以提供见解。

BOB：提供给 AI 的数据是成功的关键，尤其是在 AI 学习的训练阶段。

要点

算法好还不算，数据也要好。俗话就是“垃圾进，垃圾出”。要花时间为 AI 尽力提供最好的数据。

在数据中游泳

作为研究人员，我们（作者）经常和公司聊起他们的数据。我们问他们知道什么、不知道什么以及当前正在采集什么。我们要找的是缺口或机会，看是不是有更多或更好的数据能回答战略问题。一个常见的问题在于，他们采集的数据超出了能分析的量。所以现在不是采集更多数据的问题，而是花时间思考怎样更好地分析现有数据的问题。

在这种情况下，开发 AI 技术的产品团队必须认真地想好训练时用什么数据，算法训练完成后又用什么数据。人工智能是多要素的生态系统，算法只是其中一部分。它可能是中心，所以引起了很多关注，但最终的成功取决于所有要素的协调以及对目标的支持。

在数据中游泳的公司应考虑如何获取数据——是来自一个庞大的已编译数据仓库，还是出于特定目的而采集？这是帮助理解数据的关键问题。数据是为面向核心关键领域的 AI 产品专门采集的吗？如果数据不是 AI 专用，必须花时间更多地了解数据本身。

评估数据集时要问以下问题。

- 数据集从哪里来？
- 使用的是什么数据收集方法
- 如果是调查问卷数据，数据基于什么假设和条件而获得？
- 有任何插补的（imputed）数据吗（缺失的单元格用算法填充）？
- 可以连接其他什么数据集以添加补充上下文？
- 行业专家对数据知道些什么？如何利用这个知识使学习受益？

要点

可通过这些简单的问题确定能在哪些方面改进用于帮助 AI 学习的训练数据集。数据有了更多上下文，AI 便更有可能成功。

那么，AI 到底如何“学习”

机器学习（ML）科学家用捕捉人类行为和交互的数据训练 AI 系统和算法。不管数据是一组肝脏疾病诊断和结果，是消费者对大麻使用态度的问卷调查，还是来自主动 / 被动的口语短语数据收集，AI 系统都需要训练数据以确保其算法生成正确的结果。

针对 AI 的定制数据可能不如为其他目的而创建的数据集（例如市场研究、客户细分、销售和财务数据、健康影响等）常见。机器学习科学家获得了数据集后，还需考虑它是否包括 AI 系统所需的东西。

AI 学习的例子

从一个方面说，AI 可被视为一种模式识别系统。AI 系统需要大量例子来学习。

AI 算法需要数据来寻找模式，犯错误，并完善其内部理解以变得更好。图 4.1 展示了几年前流行起来的一个互联网表情包（meme）。有趣的是，人们在杂乱的背景中检测信号（吉娃娃）有多么容易，AI 算法在这方面则很难。所以，可用这些样本很好地验证一个识别系统。

图 4.1
模式识别所面临的挑战，可将这些数据提供给 AI 来学习如何区分吉娃娃和蓝莓玛芬蛋糕

各种机器学习方法

人工智能系统通常使用以下三种机器学习（ML）技术来构建。

- **监督学习**（supervised learning） 使用这种方式，科学家向算法提供由标签、文本、数字或图像等数据构成的一个数据集，然后调校算法以将一个特定输入集合识别为特定事物。例如，假定为算法提供一系列狗狗图，每张图都包含和图像的属性（property）对应的一系列特征（feature）。该算法的输入还可以包括许多不是狗的图（例如猫、鸽子、北极熊、皮卡和雪铲）及其对应的属性。然后，算法学习如何根据图像的特征和属性将不同的图区分为狗或非狗。基于学到的知识，以后看到一张以前从未出现的狗狗图，它也应该能正确区分。一旦能准确识别狗狗图，并拒绝非狗的图，该算法即告成功。

- **无监督学习**（unsupervised learning）　这种方式旨在根据对象属性找出数据集内部的相似对象。算法获得一组具有参数和值的输入，尝试找出其共同特征并进行分组。例如，可向算法提供几千张花卉图片，每张图都有多个标志，比如颜色、茎长或首选土壤等。算法能准确分组同类型的花卉即告成功。
- **强化学习**（reinforcement learning）　这种方式通过一系列正负反馈回路来训练一个算法。行为心理学家使用这种反馈回路技术在实验室研究中训练鸽子。许多人训练宠物用的也是这种方式，例如在正确完成坐下或不动的指令后，就奖励一点零食；否则就呵斥宠物。在机器学习的情况下，科学家向算法展示一系列图片，然后在算法对图片（例如企鹅）进行分类时，他们会在算法正确识别出企鹅时确认模型，在算法出错时予以调整。你或许听过推特（Twitter）上聊天机器人出岔子的新闻，这是一个典型的强化学习的例子。具体地说，就是机器人学习的是错误的示例，但系统认为它们是正确的。[1]

尽管所有机器学习技术在各种场景下都有用且广泛适用，但接下来，我们将只强调监督学习（Supervised Learning）。

并非所有数据都一样

获得好的训练数据是许多机器学习科学家的阿喀琉斯之踵。从哪里获得这种类型的数据？从二手渠道获取数据很容易。许多地方[2]都提供了对数千个免费数据集的访问。最近，谷歌启动了一个搜索工具来方便为 ML 应用程序寻找公开数据库。但要注意，许多这样的数据库都非常小众，例如“2018 年美国销售领先的抗衰老面部美容品牌”（Leading Anti-aging Facial Brands in the U.S. Sales 2018）[3]。无论如何，数据变得越来越容易访问。不过，这些数据主要面向教育，企业不太好将其用于主流应用。这些数据库存在以下限制。

- 可能没有 ML 研究人员正在寻找的东西，例如，老人过马路和小孩骑自行车视频的对比。

1 https://www.thepaper.cn/newsDetail_forward_1448368.

2 https://medium.com/towards-artificial-intelligence/the-50-best-publicdatasets-for-machine-learning-d80e9f030279.

3 www.statista.com/statistics/312299/anti-aging-facial-brands-salesin-the-us/.

- 可能被不恰当地标记，或者缺失 ML 需要的元数据而显得用处不大。
- 可能已被其他 ML 研究人员用过无数遍。
- 可能不是丰富的、健壮的样本。例如，可能不具备人群代表性的一个数据库。
- 可能缺少足够的情景 / 实例。
- 可能不十分清晰。例如，可能包含大量缺失的值。

正如许多研究人员常说的那样，所有数据都生而不平等。和数据集关联的固有假设和上下文经常被忽略。如果在导入 ML 系统之前未对数据集的卫生状况予以足够重视，AI 可能永远不会学习；或者更糟，可能会错误地学习（参考之前的例子）。在数据质量可疑的情况下，很难知道学习是真实还是准确。这是巨大的风险。

了解了机器学习以及数据集的风险和限制后，怎样缓和这些风险？答案涉及到 UX。

当我们本应放慢速度时追赶计算速度

BOB：从失败中恢复并学习很有必要，是 AI 进化和成功的一部分。但是，从失败中恢复需要大修。不要做“行不通”的事情，还要重新审视“行得通”的事情。

GAVIN：确实。同时考虑技术的发展速度。从某些方面说，AI 发展得太快，我们失去了考虑伦理因素甚至重新审视基础的机会。

考虑 CPU 的发展。根据摩尔定律，CPU 晶体管数量每两年翻一番。但在AI的情况下，AI的算力利用了GPU的大规模并行运算。游戏和电影已经从这些新图形芯片中受益。进行视频渲染所需的大规模并行处理也使AI变得更快。AI系统往往要花好几个月来学习数据集。将图形芯片应用于AI应用程序后，训练间隔下降至几天而非几周。几乎没有足够的时间停下来思考结果。

BOB：AI应用程序要学习，是通过消耗数据来学习。人们想到数据时，很容易以为人工智能应用程序会考虑到所有数据。但实际上，消耗数据仍然需要时间。如果训练数据集的消耗速度变快了，我们是应该更多地思考数据本身，还是只考虑处理能力？

GAVIN：这是一个圈套。将所有重点都放在硬件和算法的进步上，我担心这只会让人分心，不再关注打好基础这件事情。

BOB：简单地说，就是“垃圾进，垃圾出。”数据不先弄好，等于给AI帮倒忙。

> **要点**
>
> AI的进步必然到来，但我们是否花了足够的时间去理解提供给机器的数据？

获取供机器学习的定制数据

虽然并非所有数据集都和人的行为相关，但大多数都如此。所以，了解所捕获的数据的行为至关重要。过去十年，我们的 UX 机构与许多公司合作为定制数据集收集数据。这意味着我们必须收集在其 AI 算法中进行训练或证明所必需的精确实例和特征标签（attribute tag）。某些情况下需要数千个数据点，它们是不同事物的样本。以下是这些样本的一些例子。

- 人在室内和室外活动的视频样本。
- 医生和护士进行临床申请（clinical request）的语音和文本样本。
- 小偷从门廊偷走包裹的视频样本。
- 捕获房间里有人或没人的视频样本。
- 特定种族的指纹样本。
- 人敲门的视频和音频样本。

注意，这些数据在公开渠道都是找不到的。我们必须根据客户的具体意图和研究目标，通过定制研究来构建每个数据集。

为 AI 定制数据是个大问题

BOB：曾经有客户要求我们为一个定制数据集收集数千个样本，我们当时就惊呆了，完全不知道如何在现实的层面达成目标。这可是几千个人，面对面的数据收集。我们要捕捉

要求为定制数据集收集数千个样本的请求时，我们大为惊讶，从实际的角度来看如何解决这个问题。数以千计

的人—面对面的数据收集！我们要捕捉现场的行为。

GAVIN：审查了规格后，我们发现对精度的要求非常高。参与者的人口统计学对于确保样本能代表目标人群始终很重要，所以我们需要很多参与者。例如，智能手机或计算机上的面部识别 AI 需在不同情况下学习识别来自同一参与者的数据。他们可能改变了外表。所以，要收集有和没有“胡须”的数据。他们可以穿不同的衣服或换不同的妆容，或不同的发型，等等。我们会系统地要求参与者改变其外表以向数据添加额外的样本。这使 AI 能够了解人，同时训练它识别外表不一样的同一个人。我们被要求在各种背景下捕捉参与者。对于客户的关切，我们进行了深思熟虑。

BOB：还跨越了不同大洲。我们曾经告诉客户，要收集如此海量的数据，和我们这样的 UX 公司相比，还有其他更具成本效益的方式，因为我们平时收集数据的规模要小得多。对方的回应是了解，但大多数大规模数据收集都缺乏实验性的严谨来捕获其 AI 应用程序需要的内容。他们想保持一般在小样本研究中使用的精度，但数量级要往上提升两级。

GAVIN：前面说过，可以使用其他项目用的数据集，也可以使用专为 AI 定制的数据集。两者的区别在于，为某个具体 AI 应用程序定制的数据集太花功夫。和“复用”旧数据集相比，指定 AI 正确训练所需的数据完全是两码事。

要点

虽然一个现成的数据集也许能描述人及其行为，但定制数据集可针对使AI更聪明和更好的元素进行调整。关重数据中的细节，使AI变得更好。

了解有效的ML应用程序所需的巨大数据收集量之后，对这些数据集进行定制似乎是一件显而易见的事情。但是，实际要在相对于编程来说“干净”的数据集上花费多少时间、精力和金钱？

对于许多科学家和研究人员，简单的方法是使用已经存在的数据。但是，向我们委托这些项目的客户知道这种方法存在的一个关键缺陷：数据完整性低。项目发起人意识到，基础数据必须是干净的，并且要代表他们准备建模的领域，要仔细考虑捕捉到的经历的细微差别。所以，我们需要在特定场景收集行为，而且必须观察它们，而不仅仅是在五点量表上求一个数字（在定量数据收集中通常就是这样）。除了调查问卷研究存在的明显问题，作为心理学家，我们还理解人们常常无法可靠地报告自己的行为。也就是说，不能经常只是要求人们告诉我们他们做了什么。相反，必须观察并记录。对行为进行捕捉是UX的特权，必须进行缜密的研究以及正式的协议。我们总结出来的经验就是，在用经过严谨测试的研究方法以及专业知识来收集并编码这些数据元素以理解并编码人类行为方面，UX具有独特的定位。

数据卫生

虽然本节的内容和第 3 章讲的有点重复，但数据集可能充满担忧，示例如下。

- 识别已填充了插补数据的缺失单元格，其中单元格标签（即插补符号）未传递给 AI 团队。
- 有目的并系统地未进行调查的数据，目的是使多个参与者能合并完成一个完整调查(即拆分问卷调查设计)。
- 机器人假装人类完成的调查。[1]

数据科学家非常注重数据“卫生”。我们从一些搞 AI 开发的人那里听说，前面提到的问题有时就这样被简单地忽略了。不要假设数据中不存在会影响学习的元素！

要点

即使没有缺失的单元格，也不要假设数据中不存在会干扰结果并造成非预期后果的元素。

给 AI 帮倒忙

BOB：每一个 AI 应用程序开发者都要问自己在数据本身上投入了多少关注？

GAVIN：这是相当大的一个挑战。有如此多的人接触数据，

1 事实上，在我们参与的一项研究中，估计多达 10% 的受访者都是为了拿奖励而建的机器人。

当数据从调查问卷的设计者转给程序员，转给受访者，转给数据科学家，再转给AI技术人员时，谁能准确地知道对数据集做的事情会不会成为影响AI应用程序的一个人为因素？

BOB：我们知道一些数据科学家会给插补的（imputed）字段加上标签，但等到数据被整理并格式化以便训练AI应用程序的时候，这个情况是不是被忽视了？

GAVIN：在数据集可能存在潜在基础缺陷的情况下对AI进行训练是帮倒忙。

要点

数据集值得仔细检查，要从方法学、受访者、题目、设计等方面考察。这是AI应用程序用来学习的内容，所有团队成员都要发挥作用，从而为AI提供更好的数据。

黑盒的隐喻

如第3章所述，AI的一个挑战在于，它能发现一些东西，但无法揭示这些东西的意义或原理。这是一个经典的“黑盒”。一边进数据，一边出答案。但是，不知道为什么是这个答案，也不知道这个答案是如何获得的。

如前所述，一些我们以为从人那里获得的数据实际来自机器人，这使问题变得更复杂。又或者，我们为了构建一个完整的数据集，所以使用了插补的数据，也就是利用公式或算法来填充数据元素。我们担心的是，获得的任何结果都可能仅仅是 AI 系统对所用的插补算法进行逆向工程的结果。由于 AI 是一个黑盒，所以无法检验 AI 结果背后的“为什么”。这使我们无法根据 AI 应用程序的结论进行反推以发现基本原理。这可能会出问题，尤其是考虑到商界现在对 AI 得出的结论反应有多快！

对伦理的讨论，宜早不宜晚

BOB：我刚开始入这一行时，一些公司被认为是开创者，另一些公司则对创新的“快速跟进”（fast following）持“观望”（wait and see）态度。

GAVIN：如今，这些企业理念依然存在，但似乎创新的品牌价值强得多，这正在推动企业越来越快地创新。考虑生产“最简可行产品”（Minimum Viable Product，MVP）的做法，初创公司和大企业都推出具有最低限度功能集的产品，希望引起市场的注意并快速向客户学习。

BOB：MVP 面临的一个挑战是，如果产品被削减到 MVP 状态，从而不是很引人注目，那么会发生什么？这不仅仅是一个用户体验和价值主张问题。我对 AI 更关心的是公司如何快速地成为第一个进入市场的人。假定你要创建一个支持 AI 的应用程序。你急于从有意义的来源获取数据。数据集被清洗并用于训练。在人工智能“训练”并大概“学习”之后，它有了一个有趣的发现。公司下一步做什么？

GAVIN：觉得自己正在“创新”的公司会急于构建一个商业案例，拿到资金，并开始筹划以 AI 为核心的产品。但是，如果由于采样不当造成数据集存在问题，或者存在偏见（bias），会怎么样？

BOB：你说的是数据中存在的伦理问题。这是 AI 尚未充分开发的一个领域。企业构建 AI 不是为了基础科学，而是为了商业利益。由于文化中的偏见而造成的问题同样存在于数据中。所以，我们担心的是，由于底层数据存在偏见，所以，AI 应用程序也可能存在不容易察觉（甚至明显）的偏见。

要点

企业忙于构建应用程序，但同时需要解决、开发和接纳数据中固有的社会和伦理问题。

接下来，让我们从隐私和偏见的角度来更深入地讨论一下伦理和 AI。

伦理和 AI

AI 的伦理是一个相对较新的领域。AI 成为主流是前不久才发生的事情，对伦理的考虑也刚刚开始。AI 目前没有正式的伦理标准或指南。这儿是众所周知的“狂野的西

部”，可以在没有疆域和安全界限的情况下创造技术。[1,2]

令人担忧的是，作为 AI“养料”的数据可能隐藏伦理问题。使用了哪些数据？数据是通用的吗？数据是否过于关注某个地区或社会经济层面？如果训练数据存在偏见，AI 是否有机会重新审视底层训练，还是会一直存在偏见？

让我们看看关于伦理和 AI 的两个要点：隐私和偏见。

隐私

数据科学革命是大型科技公司的核心。Facebook 的投资人罗杰·麦克纳米（Roger McNamee）认为，PayPal、Facebook 和谷歌等网络初创公司当年正是通过大数据优先来大举占领市场。也就是说，使用数据来构建功能更强大、更成功的产品，然后销售这些数据。[3] 尽管在科技行业有相当大的利益关系，麦克纳米还是就科技公司对于大数据的关注发出了警告。他认为，大型科技公司正在以远超其服务所需的程度积极地损害用户隐私。虽然对隐私的担忧并未阻止 Gmail 和 Facebook 等成为庞然大物，但在讨论大科技的问题

1 已经有人在推动了。2019 年 6 月，牛津大学接受 1.5 亿英镑捐赠用于建立苏世民中心，中心内设立伦理与人工智能研究所。详情参见 https://tinyurl.com/ydr726cp。（检索日期 2020 年 3 月 1 日）

2 译者注：苏世民是黑石集团董事会主席、CEO 兼联合创始人。2018 年，向 MIT 捐赠 3.5 亿美元，成立计算机与人工智能中心。2013 年，向清华大学捐赠 1 亿美元，并于 2016 年成立苏世民书院。

3 McNamee, Roger. “A Brief History of How Your Privacy Was Stolen.” *The New York Times*. www.nytimes.com/2019/06/03/opinion/google-facebook-data-privacy.html.（发布日期 2019 年 6 月 13 日，访问日期 2019 年 6 月 3 日）

时，它们始终是回避不了的一环，而 AI 可能只会加剧这种担忧。2010 年，时任谷歌 CEO 的埃里克·施密特在描述谷歌的能力时所说的话肯定会吓坏任何关心自己隐私的用户：

> “我们根本不需要你打字。我们知道你在哪里。我们知道你去过哪里。我们或多或少知道你在想什么。”[1]

十几年前的这些话描述了由易犯错的人类指导的算法如何从我们在线共享的数据中提取出无数的“秘密”。埃里克·施密特在接受 CNBC 的“Inside the Mind of Google”专访时被问及用户是否应将谷歌视为“值得信赖的朋友”并与之分享信息时回答：

> “如果你有一些不想让人知道的事情，或许一开始就不该做。”[2]

想想数据集包含什么，以及它如何从人类的行为中得出，就明白数据集即行为，而且可以用它分析并预测未来的行为。施密特没有明说谷歌真正拥有多少信息。但是，肯定远远不止搜索词，至少还应该有地理导航数据、实际消费者购买和电子邮件通信。最重要的是，我们随便点点

1 Saint, Nick. Google CEO: “We Know Where You Are. We Know Where You' ve Been. We Can More Or Less Know What You' re Thinking About.” *Business Insider*. www.businessinsider.com/eric-schmidt-we-knowwhere-you-are-we-know-where-youve-been-we-can-more-or-less-know-whatyoure-thinking-about-2010-10?IR=T.（发布日期 2010 年 6 月 4 日，访问日期 2019 年 6 月 25 日）

2 Esguerra, Richard. “Google CEO Eric Schmidt Dismisses the Importance of Privacy.” Electronic Frontier Foundation. www.eff.org/deeplinks/2009/12/google-ceo-eric-schmidt-dismisses-privacy.（发布日期 2009 年 12 月 10 日，访问日期 2020 年 2 月 16 日）

“接受”按钮，就同意了对方收集这些数据。我们都为技术承诺的好处而放弃了自己的隐私。

有三种隐私：

- 老大哥隐私(政府或商业实体拿到的个人信息)
- 公共隐私(同事或社区拿到的个人信息)
- 家庭隐私(家庭或室友拿到的个人信息)

每种隐私对于 UX 都有不同的影响。

长期以来，老大哥的隐私侵犯大多被用户容忍。毕竟，我们都有过在创建新账号或启动新 APP 时一路点击“同意”而不仔细阅读服务条款的经历。但是，随着大数据时代的到来，这个问题的政治意义变得越来越突出。欧盟的 GDPR（通用数据保护条例）隐私法就是最好的例证，这是对大数据进行监管的一次重大尝试。GDPR“基于隐私属于一项基本人权的概念”而设计[1]隐私和政策研究主管米歇尔·戈德（Michelle Goddard）认为，GDPR 对于数据收集的规定是数据科学家的机会而非阻碍。她表示，GDPR 通过“透明”和“问责”来确保对隐私的保护，与伦理研究所需要的隐私实践（包括个人 的匿名化）取得了一致。[2]同样，人工智能也可以专注于透明，以消除用户对老大哥隐私的担忧。

1 Goddard, Michelle. “The EU General Data Protection Regulation (GDPR) is a European regulation that has a global impact.” *International Journal of Market Research* 59/6 (2018). https://journals.sagepub.com/doi/10.2501/IJMR-2017-050.

2 Goddard，“The EU”.

鉴于当前人们对谷歌和Facebook等大企业的一举一动都十分关注，所以公共隐私可能是这三种隐私中最不可能被侵犯的，所以让我们看看家庭隐私。

在设计成家用或者单人使用的程序/设备（例如独立的虚拟助手）中，家庭隐私问题尤为突出。为家庭购买一个虚拟助手设备，可能导致整个家庭的隐私受到侵犯。例如，用户的室友可以阅读并回复短信，配偶则可能偶然获知秘密周年礼物的送货状态更新。旧时代的台式电脑是潜在家庭隐私侵犯的经典案例，我们是通过个人用户配置文件(user profile)解决了该问题。类似的解决方案或许也适用于虚拟助手，但为虚拟助手开发方便的配置文件方案仍需假以时日。

美泰（Mattel）开发的虚拟助手可让我们一瞥配置文件系统。这款名为Aristotle的虚拟助手基于亚马逊Alexa而开发，主要为儿童服务。公司计划使Aristotle能理解儿童的声音并将其与成人的声音区分开。然后，设备可以为儿童用户提供有限的功能，同时让成人能够使用Alexa执行更复杂的任务，例如订购儿童护理用品。[1] 然而，在消费者权益倡导者、政治家和儿科医生反对之后，Aristotle于2017年被取消。除了对儿童发育的担忧，老大哥隐私问题也是人们反对Aristotle的一个重要原因。[2]

1 Wilson, Mark. "Mattel is building an Alexa for kids." *Fast Company*. www.fastcompany.com/3066881/mattel-is-building-analexa-for-kids.（发布日期2017年1月3日，访问日期2019年6月25日）

2 Vincent, James. "Mattel cancels AI babysitter after privacy complaints." *The Verge*. www.theverge.com/2017/10/5/16430822/mattel-aristotle-ai-child-monitor-canceled.（发布日期2017年10月5日，访问日期2019年6月25日）

虽然 Aristotle 无疾而终，但可以区分不同用户的声音并与个人配置文件关联的 AI 系统是解决虚拟助手家庭隐私问题的一个好方案。当然，还有其他方案，也许未来的助手能通过发现谁的智能手机在房间里来确定它正在与谁交谈。2017 年，Google Home 提供了一项功能，能够区分多达 6 个不同的家庭成员[1]，亚马逊 Alexa 紧随其后于 2019 年推出了“语音配置文件”（Voice Profiles）[2]。

正如微软首席研究员丹娜·博伊德（Danah Boyd）指出的那样，用户对在线隐私的期望可能很模糊。博伊德认为，一旦从用户的行为中去除上下文，而且这些行为被发布给比用户预期更广泛的公众，就会严重违反用户对在线隐私的期望。这造成用户感觉失去了“对信息如何流动的控制”[3]，结果就是用户失去对去除了上下文的技术的信任。

作为如何建立信任的例子，让我们回到 Spotify。公司援引数据称其比竞争对手更受信任，包括在千禧一代用户中。更受信任的依据是其推出的各种“新发现”功能，例

---

1 Baig, Edward C. “Google Home can now tell who is talking.” *USA Today*. April 20, 2017. Accessed February 16, 2020. www.usatoday.com/story/tech/talkingtech/2017/04/20/google-home-can-now-tell-whos-talking/100693580/.（发布日期2017年4月20日，访问日期2020年2月16日）

2 Johnson, Jeremy. “How to setup Amazon Alexa Voice Profiles so it knows you are talking.” Android Central. androidcentral.com/how-set-amazon-alexa-voice-profiles-so-it-knows-its-youtalking.（发布日期 2019 年 11 月 26 日，访问日期 2020 年 2 月 16 日）

3 Boyd, Danah. “Privacy, Publicity, and Visibility.” 2010. Microsoft Tech Fest, Redmond, WA. www.danah.org/papers/talks/2010/TechFest2010.html.（访问日期 2019 年 6 月 4 日）

如“每周新发现”（Discover Weekly）。另一个依据是其部分由神经网络驱动的推荐引擎。[1] 在一篇针对广告商的文章中，Spotify 称只要结果是一个有用的功能，用户就愿意向公司提供自己的个人信息。Spotify 的推荐就是那个有用的功能。

Spotify 推荐引擎只基于 Spotify 自己的数据，甚至允许用户设置私密模式告诉 Spotify 不要统计他们的串流。这意味着用户可以简单地用其他方式悄悄地听一些不宜公开的音乐（比如以私密模式或在 YouTube 上播放 Nickelback 专辑），同时不会影响到他们的推荐。这有助于用户相信 Spotify 收集数据真的是在为他们着想。

AI 不知道“界线”在哪，所以我们需要划定一条

GAVIN：这是企业很难解决的一个问题，因为它们先要对股东负责，所以一开始就要用上全部数据以制作一个有吸引力的 AI 产品。

BOB：但是，若用户反抗，还是会伤害到股东。所以公司仍然必须在隐私上做一些平衡，以免对其品牌造成负面影响。

GAVIN：这使我想起了埃里克·施密特说的另一句话。当被问及谷歌会不会将技术植入大脑来获取信息，施密特说：“我把这个称为隐形的线 (creepy line)。谷歌在

1 “Trust Issues: Spotify’s Commitment to Fans and Brands.” Spotify for Brands. www.spotifyforbrands.com/en-US/insights/trust-issues-spotifyscommitment-to-fans-and-brands/.（访问日期 2019 年 6 月 15 日）

许多事情上的政策都是刚好触及那条线，但不越过。”[1]

BOB：但愿企业知道那条线在哪。

要点

AI 尊重隐私的需求来自开发和营销 AI 的人。

隐私的影响主要集中于一份数据是否应该用于 AI。让我们探索一下在数据集中混入的偏见。即使是出于最良好的意图，也有可能出现偏见。

数据集中的偏见

伦理考量和 AI 可追溯到 1960 年亚瑟・塞谬尔（Arthur Samuel）在《科学》中的论述：一种机器的道德后果只是从提供给它的输入的逻辑结果中获得[2]。今天，AI 伦理的大部分焦点都集中在“什么”（原则和代码）而不是“如何”（AI 的实际应用）。伦理和 AI 还有很长的路要走。

---

1 Saint, Nick. “Eric Schmidt: Google’s Policy Is To ‘Get Right Up To The Creepy Line And Not Cross It’.” www.businessinsider.com/eric-schmidt-googles-policy-is-to-get-right-up-to-thecreepy-line-and-not-cross-it-2010-10.（发布日期 2010 年 10 月 1 日，访问日期 2020 年 2 月 16 日）

2 Samuel, Arthur L. (1960). “Some Moral and Technical Consequences of Automation—A Refutation.” American Association for the Advancement of Science. 132(3429):741–742, 1960. https://doi.org/10.1126/science.132.3429.741.

对 (AI) 潜在问题的认识正在快速提高，但 AI 社区采取行动减轻相关风险的能力仍处于起步阶段。

——MFKE 2019[1]

AI 怎么知道什么重要或什么不重要？

BOB：以 AI 获取数据并进行学习的医学例子为例。有人说，数据最好从同行评审的期刊文章获得。这些文章所描述的研究是可复现的（理论上），医学研究和职业都通过同级评审的出版物来获得进步。

GAVIN：再来考察一下 20 世纪 60 年代以及更早时期的几代医学研究，其中作为样本的病人主要都是男性。但这些年我们了解到，针对同一种疾病，女人的症状和男人不一样。例如，女人经常延误看心脏病的时机，因为她们感受到的是腹痛而不是胸痛。[2]

BOB：这就引申出了用于 AI 应用程序的数据集是否有足够说服力的问题。我们是基于已知的东西来出版。一项开创性研究完成后，虽然可能在顶级期刊上发表，但尚需时日才会发表更多的文章来复制和推动科学。

1 Morley, J., Floridi, L., Kinsey, L. & Elhalal, A. (2019). "From What to How: An Initial Review of Publicly Available AI Ethics Tools, Methods and Research to Translate Principles into Practices" Science and Engineering Ethics. https://link.springer.com/article/10.1007/s11948-019-00165-5#Sec2.（发布日期 2019 年 12 月 11 日，访问日期 2020 年 2 月 16 日）

2 DeFilippis, Ersilia M. "Women can have heart attacks without chest pain. That leads to dangerous delays." *Washington Post*. www.washingtonpost.com/health/women-can-have-heart-attacks-withoutchest-pain-that-leads-to-dangerous-delays/2020/02/14/f061c85e-4db6-11ea-9b5c-eac5b16dafaa_story.html.（发布日期 2020 年 2 月 16 日，访问日期 2020 年 2 月 16 日）

如果大多数文章都还是基于旧的诊疗方案，AI 如何将一项突破性结果纳入其学习？

GAVIN：就是。在 AI 完成学习后，如果对科学进行了更正，AI 应用程序是否会更新？

要点

AI 应用程序如何“跟上文献”或在新数据出现时保持最新状态？

例如在 2018 年，FDA 走快速通道批准了一种针对特定基因突变的新型“广谱”抗癌药物。肿瘤学家表示，这种新疗法将改变游戏规则，但在 AI 应用程序认定其为首选疗法之前，还需要发表多少研究？

“纪念斯隆凯特琳癌症中心”（MSKCC）的研究人员与 IBM Watson 合作，试图通过创建“合成病例”来解决该问题，这些病例被放入训练数据集，使 IBM Watson 能从他们的数据中学习。[1]

某些人认为正确的偏见

GAVIN：基本上，MSKCC 和 IBM Watson 是向其数据集添加了新病例。他们从其病例中创建记录，并把它们放到包含其他病例的研究数据集中。

1 Strickland, Eliza (2019). “How IBM Watson Overpromised and Underdelivered on AI Health Care.” *IEEE Spectrum*. https://spectrum.ieee.org/biomedical/diagnostics/how-ibm-watson-overpromisedand-underdelivered-on-ai-health-care.（发布日期 2019 年 4 月 2 日，访问日期 2019 年 11 月 6 日）

BOB：据推测，这将使 IBM Watson 变得更加智能，因为它将受益于 MSKCC 的知识。这通常被称为治疗患者的“斯隆凯特琳”法。

GAVIN：所以，这些“合成病例”被提供给 IBM Watson 以便其学习。难道没人质疑这些是常见病例还是独特病例，又或者 MSKCC 是否倾向于接收某种类型的患者？

BOB：由于这是 AI 建模和学习的“训练集”，偏见可能还会渗透到未来的发现中。

要点

添加“合成病例”以改进数据集的技术也可能会增大偏见。

我们假设同行评审的研究关注特定因素（例如代表性）和对于偏见的控制（或者至少将它们声明为研究结果的假设 / 限定）。创建“合成病例”时必须提出以下问题：

- 这些合成的病例是否在该领域具有代表性？
- 是不是典型病例？或者是边缘病例？
- 这些患者是否因为需要更糟 / 最后的治疗方案而转入该机构？
- 在选择这些病例时是否存在社会、经济、种族或性别偏见的可能性？

虽然这个列表很短，只是机构创建人工或合成数据以训练 AI 时可能出现的少数几种偏见，但在 AI 中应用伦理标准的必要性已经变得非常清晰和明显。

让我们明确一点：MSKCC 是世界上首屈一指的癌症治疗中心之一，但正如威斯康星大学法学院法律和生物伦理学教授皮拉尔·奥索里奥（Pilar Ossorio）所说："(AI) 将学习种族、性别和阶级偏见，基本上是将这些社会分层融入其中，使偏见更加不明显，更不容易被人们识别。"考虑到被 MSKCC 吸引的患者往往更富裕，同时患有多种类型的癌症，而且经常在多线治疗中失败并正在寻找最后的机会[1]，所以这些偏见深深烙印在 Watson 的 AI 中。

人们对 Watson 团队使用"合成病例"来训练 IBM Watson 感到担忧时，公司的反应很大。Watson Health 总经理奥博拉·迪桑佐（Deborah DiSanzo）回应："我们的数据量之大，以至于消除了偏见。"

考虑到 AI 是一个黑盒，我们无法真正知道 Watson 的 AI 算法使用或未使用哪些数据元素，将数据量作为克服潜在偏见的答案，这充其量只是一种推测。

这就是偏见的问题。通常很难看见或融入一个人的想法。例如，IBM Watson 的 MSKCC 首席培训师安德鲁·塞德曼（Andrew Seidman）博士对 MSKCC 用"合成病例"而可能造成的偏见隐忧进行了以下回答："我们不介意可

---

1 Gorski, D. (2019). "IBM' s Watson versus cancer: Hype meets reality." Science Based Medicine. https://sciencebasedmedicine.org/ibm-watson-versus-cancer-hype-meets-reality/.（发布日期 2017 年 9 月 11 日，访问日期 2020 年 2 月 16 日）

能存在的偏见，因为我认为这些偏见的基础仅次于前瞻性随机试验。我们拥有海量的经验，所以完全无须担心这种偏见。”这就是为什么需要而且应该应用伦理标准的原因。有的人就是难以做到客观。

训练数据集为 AI 的思维奠定基础

GAVIN：潜在的担忧是，当 AI 用基础存在问题的数据集学习时，偏见会变得多么普遍。AI 只会学习你输入到训练数据集中的内容。AI 要成功，远远不止是程序写得好就可以。

BOB：无论是购买数据集并管理其中的内容，还是花时间堆砌自己的数据集，数据都是至关重要的一环。产品和数据科学家团队有责任确保良好的数据“卫生”。

GAVIN：假设结果构成了以 AI 为核心的产品的基础，有多少公司会在产品发布后对用新的数据集来重新训练？

BOB：完全重新培训有很大风险。AI 引擎拿到新的训练数据后，如果没有产生相同的结果，怎么办？在足够糟糕的情况下，整个产品都可能完蛋。许多公司或产品团队都不愿意承担这种风险。

要点

伦理标准在今天很重要，因为 AI 现在正在从数据集中学习。这些数据集需要考虑与生俱来的偏见，而且有可能将那些偏见集成到用于驱动 AI 引擎的基础中。

迈向伦理标准

各大组织对于AI缺乏伦理标准这一现象感到担忧。2018年，麻省理工学院MIT媒体实验室与总部位于新泽西的电气电子工程师学会(IEEE)和IEEE标准协会联手成立了全球扩展智能理事会(Council on Extended Intelligence，CXI)。CXI的使命是促进自主和智能技术的负责任设计和部署。

IEEE欢迎希望成为标准倡议一部分的人的参与。IEEE全球倡议的使命是："确保参与自主和智能系统设计和开发的每个利益相关者都接受教育、培训并授权优先考虑伦理问题，使这些技术的进步能造福于人类。"

该组织起草了一份可下载的报告，题为"符合伦理的设计：自主和智能系统优先考虑人类福祉的愿景，第1版(EAD1e)"[1]。该报告为自主和智能系统的伦理标准奠定了基础。IEEE P7000 ™标准工作组为以下项目的制定标准。

- IEEE P7000：在系统设计过程中解决伦理问题的建模过程（Model Process for Addressing Ethical Concerns During System Design）
- IEEE P7001：自主系统的透明性（Transparency of Autonomous Systems）

1 https://ethicsinaction.ieee.org/#set-the-standard.

- IEEE P7002：数据隐私处理（Data Privacy Process）
- IEEE P7003：算法偏差注意事项（Algorithmic Bias Considerations）
- IEEE P7004：儿童和学生数据治理标准（Standard on Child and Student Data Governance）
- IEEE P7005：透明雇主数据治理标准（Standard on Employer Data Governance）
- IEEE P7006：个人数据的人工智能代理标准（Standard on Personal Data AI Agent Working Group）
- IEEE P7007：伦理驱动的机器人和自动化系统的本体标准（Ontological Standard for Ethically driven Robotics and Automation Systems）
- IEEE P7008：机器人、智能和自主系统中伦理驱动的助推标准（Standard for Ethically Driven Nudging for Robotic, Intelligent and Autonomous Systems）
- IEEE P7009：自主和半自主系统的故障安全设计标准（Standard for Fail-Safe Design of Autonomous and Semi-Autonomous Systems）
- IEEE P7010：合乎伦理的人工智能和自主系统的健康度量标准（Wellbeing Metrics Standard for Ethical Artificial Intelligence and Autonomous Systems）
- IEEE P7011：识别和评定新闻来源可信度的过程标

准（Standard for the Process of Identifying and Rating the Trustworthiness of News Sources）

- IEEE P7012：机器可读的个人隐私条款标准（Standard for Machine Readable Personal Privacy Terms）

要点

人们正在努力制定 AI 的伦理标准。

结语：路在何方？

至此，我们讨论了对支持 AI 的产品的输入的一些担忧。但我们认为还有另一个地方存在机遇，而且可以防止 AI 应用程序受到负面评价：用户体验。我们在这里东一句西一句说得仿佛头头是道，很容易忘记无论开始还是结束，都存在着一个用户，一个人。另外，由于 AI 应用程序本质上还是一个应用程序，所以需确保 AI 应用程序不仅针对数据进行调整，还要针对用户的需求进行调整。最后一章将讨论我们认为促进用户参与并最终促成 AI 行业取得成功的要素。

第 5 章

应用 UX 框架：AI 成功之道

回顾本书迄今为止所介绍的内容，会意识到 AI 和 UX 具有一些共同的基因。两者都始于计算机的问世，而且都希望创造一个更美好的世界。我们看到了用户体验如何从让信息时代更贴近每个人的需求演变而来[1]。AI 的发展也类似，有些时断时续，但现已成为人们关注的重点。

AI 带来的好处很多。然而，由于与潜力无关而更多与感知有关的原因，存在又一个 AI 寒冬的风险。许多人接纳 AI 仍存在犹豫和阻力。或许是科幻电影在我们的脑海中植入了天网和终结者的形象，或者只是害怕那些我们不了解的东西。AI 存在形象问题。依旧存在人们再次对 AI 失望的风险。

我们认为 AI 已经准备好了。AI 比以往任何时候都更容易获得。不仅仅是行业的大玩家，还有从初创公司到能够试验 AI 工具的狂热技术爱好者，许多人都能接触到。这意味着 AI 正被嵌入几乎所有行业的新产品创意中。

但是，AI 需要的不仅仅是技术，成功的秘诀在于，不能仅仅是将 AI 嵌入产品，还要提供可靠的用户体验。我们相信这是成功的关键。

---

1 由于超过 50 亿人拥有手机，其中超过一半是智能手机，这一任务在很大程度上已经完成。全球智能手机拥有量正在迅速增长，但并不是在所有地区都做了均衡。Laura Silver. www.pewresearch.org/global/2019/02/05/smartphone-ownership-is-growing-rapidlyaround-the-world-but-not-always-equally/.（检索日期 2020 年 4 月 16 日）

没人故意打造糟糕的体验

BOB：我们就直说吧，没有一家公司愿意打造体验糟糕的产品。

GAVIN：但仔细想一想，就会发现自己好多次都问过这样的问题：“他们做这个的时候在想啥？”

BOB：几年前，我做过侧重于 UX 基础的一个演讲。每个应用程序的 UI 都提供了一种体验。需要意识到，应用程序背后有一名设计师，而体验正是由这名设计师来决定的，可能让人眼前一亮，也可能毫无亮点。

GAVIN：我真的不以为程序员早上醒来会说：“嗯哼，我要给那些用户制造一些麻烦。”但问题在于，如果程序员不打算创造糟糕的用户体验，为什么还是存在这么多糟糕的用户体验？

BOB：是的，这是一个悖论。如此多的产品体验这么平庸，原因有很多，成本、用户意识、时间、懒惰等等。

GAVIN：不过我想说的是，大多数产品所有者都低估了设计良好体验的难度。

BOB：幸好，技术已经发展到微波炉和电子钟不再默认闪烁“12:00”，停电后重新调时间真的太烦人了。但就在去年圣诞节，我花了数小时为我的房子安装新设备，结果还是一团糟。

GAVIN：我相信体验很重要。产品可以宣传其令人震惊的功能，但考虑到 AI-UX 原则，在我设置或使用产品时，交互是否直观？我相信该产品能工作吗？想想你喜欢并每天使用的产品，有多少是因为用户体验平滑和令人愉快你才用的？

BOB：技术已经成为一种商品。能让产品与众不同的是好的设计。同样的逻辑也适用于支持 AI 的产品。

要点

产品要做到简单而好用很难，要用点心来设计。

好的体验是什么样的？

每个人都在家里的壁橱、地下室和工作空间里摆放着一些数字产品。想想你最近购买的：

- 容易下单吗？
- 容易设置吗？
- 如果看了说明书，它有帮助吗？（说明书有必要吗？）
- 产品能快速用起来吗？
- 它像你认为的那样工作吗？
- 是一直在用，还是过一个月就闲置在一边？

那些失败的产品究竟是怎么回事？虽然产品和预期不符的原因有许多，但很多时候，我们一边摇头一边问：

他们（设计师、工程师和产品人员）设计这个的时候在想啥？它不像我想的那样工作。

同样，制造商并不是故意制造令人失望的产品——但它们确实存在。为什么？有时，简单的答案是产品创造者没有花足够的时间去了解真正的需求。换句话说，他们构建产品是因为他们自己觉得这项技术非常引人注目，以至于认为其他人都会被它迷住。

用户时常发现产品的一些出乎企业意料的新奇用法。

还有人买闹钟吗？

GAVIN：我相信手表会一直时尚下去，不过，我们再也不用手表来看时间了。手表成了时尚配饰，它的功能被我的手机取代了。

BOB：而且你的手机比你的老式天美时[1]还要准确！

GAVIN：这个例子很有说服力，因为无处不在的手机确实改变了人的行为。想想早期的手机。有的手机允许你定一个闹钟，还会将这个功能大肆宣传。现在则可以在手机上定多个闹钟。我甚至可以说："嘿，谷歌，定一个早上 7 点的闹钟。"她会回答："明白了。闹钟定在明天早上 7 点。"

BOB：更重要的是，早期的手机制造商是否想到他们的产品会减少实体闹钟的销量或导致人们不再像 20 年前那样经常戴手表？

1　译注：Timex 成立于 1854 年。1944 年改组为 Timex 公司，2008 年被收购。全球累计销量已超过 10 亿只手表。

要点

即使看似最平凡的功能也可能改变人的行为，同时改变产品的市场。人们使用产品时，他们的期望和行为会以意想不到的方式发生变化。

理解用户

如何更好地理解人们使用产品的方式？答案就是更好地理解用户体验。以用户为中心的设计的终极目的是围绕用户及其需求构建产品和服务。

几十年来，我们一直参与各种应用和产品的研究和设计。我们还看到了用户界面设计的许多不同阶段和方法。最终我们发现，最成功的就是以用户为中心的设计。

定义

以用户为中心的设计 (User-Centered Design，UCD) 以用户需求为核心。在设计过程的每个阶段，设计团队都关注用户和用户的需求。这涉及到运用多种研究技术来理解用户并将理解到的信息反馈到产品设计中。

UCD[1] 提倡在设计过程的每个阶段都将用户和用户的需求放在首位。虽然这似乎很明显，在设计时本来就应该

1 诺曼在其 *User Centered System Design: New Perspectives on Human-computer Interaction*(1986) 一书中创造的另一个术语。

考虑到用户，但令人惊讶的是，现实中鲜有开发流程从头到尾都严格遵循这一过程。

研究很重要

只要目标用户有良好的体验，就是一个好产品。为了设计出这些无缝的体验，需要进行辛勤的工作，将用户的预期和需求映射到产品的设计和交互模型中。

用户研究是捕捉目标用户需求并将了解到的东西集成到产品设计中的关键方法。

“母不嫌子丑”

BOB：为了让 UCD 真正发挥作用，需要进行用户研究。许多创意和设计总监总是说他们知道用户需要什么！但现实是，拿出描述用户需求的证据比一个人总是说自己相信什么好。

GAVIN：至少，设计师应该谦虚，要认识到迭代只会让事情变得更好。与潜在用户一起测试早期版本。尽早并经常获取反馈。不要怕出错。要相信反馈使设计变得更好。

BOB：还要让其他人做研究。让某个客观方评估初始设计。一个人很容易陷入自己花时间和精力搞出来的东西而不能自拔。产品成了“你的宝贝”。但让我们面对现实，很难有妈妈说自己的宝贝丑。一个人很可能忽视批评意见，或者会条件反射式地为它辩护。

GAVIN：但这才是最好的选择，尤其是在设计过程的初期。当普通用户与你的产品互动时，一旦他们表现出迷惑或者感到彻底的挫败，就要警惕这很有可能是你的产品的“丑陋”一面。从用户的想法中学习并改进设计。

要点

让用户和初期阶段的设计进行交互，让错误更快地暴露出来。然后，改进并重复上述过程。

研究真的管用吗？

有的时候，反对一种说法的最好方式就是提出反问。一些人经常用一句疑似亨利·福特说的话来反对用户研究的好处，认为创造力和创新思维不需要以证据为基础的UCD：

> 如果我当初去问客户他们想要什么，他们会说要跑得更快的马。

问题“研究真的管用吗”将人分为两组。一组人相信真正的创新来自有远见的天才，另一组人相信理解人们的想法对杰出的设计很重要。

作为研究人员，这甚至不是一个好问题，因为它是引导性的（将答案引向特定方向并存在偏颇）。虽然存在可能真正有远见的人，但现实情况是，研究往往是推动创新的证据，能证明可以满足的需求。识别这种需求并围绕它进行设计，这是最适合进行用户研究的地方。

马都去哪儿了？

BOB：对于亨利•福特这句经常被引用的话，我其实是不以为然的。它意味着无法从用户那里获得见解。如果亨利·福特真的问这样的问题，他就不会生产 T 型车。

GAVIN：我认为亨利·福特如果真的这么说了，也是因为当时是20年代中期。想想同时期的《了不起的盖茨比》。

BOB：无论是在书中还是在戏剧演绎中，汽车都非常醒目。

GAVIN：就是。马都去哪儿了？在《了不起的盖茨比》中，没人谈到马。驾驶和拥有汽车是一个关键主题。

BOB：记住，汽车不是亨利·福特发明的。他发明的是一种传送带系统，提高了汽车的效率。

GAVIN：所以说亨利•福特从来没有说过这句话嘛[1]。他说的是："任何颜色，只要它是黑色的。"

要点

虽然伟大的创新确实可能来自天才设计师，但尽早并频繁地获得用户对设计的反馈往往是成功的秘诀。

---

1 Vlaskovits, P. (2011). "Henry Ford, Innovation, and That 'Faster Horse' Quote." *Harvard Business Review*. https://hbr.org/2011/08/henry-ford-never-said-the-fast.（发布日期 2011 年 8 月 29 日，访问日期 2020 年 4 月 16 日）

研究和设计中的客观性

用户研究是捕捉目标用户需求并将这些见解整合到产品设计中的关键方法。

UX 透镜

本书许多读者可能不具备调试 Python 代码的技能（或者不想！），但我们相信 AI 不仅仅是代码。人们通常会予以 AI 引擎足够的关注。将注意力转移到围绕 AI 引擎的一切东西上面，支持 AI 的产品可从中受益。那么，如何改进其他这一切东西呢？

让我们将注意力从 AI 输出转移到体验上面

BOB：AI 的常见输出是一个数字或系数，例如 0.86，这是 0 和 1 之间的一个相关系数。以信用卡欺诈为例。你在外面吃饭，用信用卡付款……

GAVIN：所以，当处理我的付款交易时，一个 AI 程序会分析并思考是否存在欺诈。在这个例子中，AI 输出 0.86，意味着这笔交易可能存在欺诈（算法假定任何高于 0.8 的都可能是欺诈交易）。

BOB：那是 AI 的能力范畴。结果是 0.86。但在使用支持 AI 的欺诈检测产品时，体验是以短信的形式向手机发送警报。

GAVIN：短信可能是："检测到高于 0.80 的潜在欺诈。代码 F00BE1DB。"

BOB：也可能有人花点时间设计一个更好的交互。消息可能更友好，并向用户提供采取下一步行动的选项，例如"授权此笔交易请回复 1。"

要点

搞清楚哪些内容会与用户接触，例如消息传递和用户交互。AI 也许能提供很厉害的东西，但让产品成功的是体验。

任何产品或应用程序都可以通过研究其用户体验来把它看透。AI 也不例外。要想成功，它必须具备实用性、可用性和美学等基本要素。

那么，原则是什么？这一过程是什么？[1]

UX 的关键元素

UX 并非对每个用户都一致。它是多元的。下面将介绍 UX 的关键元素，它们结合起来为用户提供有益甚至令人愉悦的体验。

1　细节不在这里赘述。有许多网站和书籍介绍了如何在各种开发方法中实现 UCD 过程。一个好的起点是 www.usability.gov/what-and-why/user-centered-design.html.（检索日期 2020 年 5 月 13 日）

实用性 / 功能性

也许定义任何应用程序的最重要的东西就是它的作用，我们称之为“实用性”（utility）“功能性”（functionality）或者“有用性”（usefulness）。简单地说，是否有可以感知的功能优势？用更正式的术语来说，应用程序（工具）是否满足了它的设计目标？是否满足了用户的需求？

锤子适合敲钉子，不太适合化妆。任何应用程序都需要具有用户期望的特性和功能，而且要有用。这些是成功产品的基本要求。

努力创造平滑体验

BOB：让我们回到配备了自然语言语音助手的汽车例子。这里的基本要求是 AI 需要可靠地理解人类的语音。在汽车中，它可能是非接触式控制，例如“给妈妈打电话”“开热风”“导航到一个目的地”等等。

GAVIN：早期的汽车语音识别是命令驱动的，有点生硬，通常用户需要知道确切的语音命令。是该说“打电话给……”，还是“拨号给……”，还是“我想打电话给……”，还是“你可以帮我打电话给……”？

BOB：用声音来控制有一个好处，因为驾驶员可以将视线集中在道路上。但太多时候，过于呆板的结构要求驾驶员记住确切应该说什么。而且，当驾驶员猜测命令时，随机噪声也会干扰。驾驶员的命令可能是正确的，但外界噪声导致系统回复：“对不起，我不明白您的意思。”

GAVIN：相反，更好的用户体验是设计一种交互方式，在汽车内部存在典型环境噪声的情况下接受许多替代命令。

要点

设计平滑或轻松的交互可以让用户体验到实用性和功能性。汽车基于 AI 的语音识别在早期的实用性不佳，不是因为语音激活不好，而是因为驾驶员觉得难用。

可用性

实用性（utility）和可用性（usability）常常被混为一谈，但它们是不同的概念。我们来举一个搞笑的例子：驾驶汽车。我们都会操纵方向盘使汽车左转或右转。但如果仔细想想，就会发现还有其他方法可以控制汽车。例如，可以用键盘输入“右转”，或者使用游戏手柄或遥控器。功能和实现该功能的方式是有区别的。其中一些实现方式比其他方式更有用（更可用）。

定义

可用性被定义为产品是否能让用户高效、有效和安全地执行其设计的功能。

由于汽车厂商都使用方向盘，所以会开车的人租一辆车，调一下座椅和后视镜，即可熟练驾驶他们以前从未开过的一辆车。这些既定的标准帮助人们和一个系统的不同形式进行交互。

但是，一种全新的系统或者需要新的控制方式的系统呢？如何创建具有可用性的交互？

定义

可用性测试（usability test）是一种定性研究，对产品不熟悉的目标用户被赋予一个使用场景，并完成产品所设计的任务，期间观察其行为和反应。可用性测试通常涉及小的样本量，结果将提供给一个迭代设计过程。

UCD 过程的基础如下。

1. 初期研究（探索或发现）以捕捉用户期望并了解人们的想法。
2. 构建原型。
3. 进行形成性研究（formative research），例如可用性测试，找出会令人困惑不解从而妨碍用户体验的地方。
4. 进行交互设计和更多的可用性测试，进一步改善产品。

本章稍后的“UCD 的原则”一节会讨论更多细节。

自然手势的迷思

BOB：苹果表示，在手机上轻扫和捏合是自然手势，人们凭直觉就知道怎么做。

GAVIN：真的吗？我记得 2007 年我玩第一部 iPhone 时，是看 AT&T 的广告才学会了轻扫和捏合。

BOB：那些广告或许是有史以来最贵的用户手册！

GAVIN：苹果已经为数十种它称之为自然的手势申请了专利。你必须看看苹果的专利，比如“多点触控手势词典”[1]。我最喜欢的是苹果的打印和保存专利。打印是将三个手指放在一起，比如放中心，然后分开以形成三角形的点。保存则相反。三指分开，就像三角形上的点一样，然后向内移动到中心。人们怎么“自然”地知道这个？

BOB：如果这些手势是如此自然，为什么苹果还要去申请这么多专利？

GAVIN：迷思就是这样产生的。这是2009年的一项研究，描述了人们知道的手势[2]。但是，我们在2006年和2007年对多点触摸手机进行的研究表明，情况并不容乐观。到2009年，人们可能已经学会并适应了。但是，要说手势一直是众所周知并且是自然的，那么LG Chocolate、Palm和第一部iPhone怎么说？

要点

人和技术交互时，并非一切都是自然或者自动浮现于脑海中的。研究和设计齐头并进，才能使体验具有可用性。

1　Elias, J. G., Westerman, W. C., & Haggerty, M.M. (2007). “Multi-touch Gesture Dictionary.” USPTO US 2007/0177803 A1. www.freepatentsonline.com/20070177803.pdf.（访问日期2020年6月22日）

2　Wroblewski, L. (2010). *Design for Mobile: What Gestures do People Use?* Referencing Dan Mauney's Design for Mobile conference. www.lukew.com/ff/entry.asp?1197.（访问日期2020年6月22日）

UX、AI 和信任

现在让我们考虑一下 AI-UX 原则之一：信任。AI 经常无法为用户提供服务的原因之一是输出偏离了主题。也就是说，我们不相信我们看到或听到的。UX 的两个维度（实用性和可用性）直接与信任有关。如果构建的应用缺乏足够的实用性或可用性不佳，用户就无法信任该应用并放弃。AI 应用同理。

我们发现 Alexa 在一些特定领域很实用，包括报时、显示新闻、报天气等等。对于这些任务，Alexa 的可用性也很不错。因此，以一种狭隘但重要的方式，Alexa 能很好地为用户服务。但除此之外，还存在无数的技能可以帮助用户。我们尝试了数十项我们认为有用的技能，但由于可用性不佳而很快被删除。Bob 试图获得的一项新技能是获取比赛成绩，但错误地启动了他的 Roomba 扫地机器人。不消说，他确实很喜欢干净地板，但扫地并不是他的初衷。

为语音而设计是确实很难，而且在可用性方面，设计经常以两种方式失败：自然语言处理天生不够健壮，无法处理许多线索，而且语音设计师在设计对话方面做得不够好。许多这样的语音功能在实用性方面也失败了，因为它们没有充分地预测用户和用例。因此，Alexa 最终只能干计时器或者收集购物清单这样的事情。

人可以犯错，AI 不行

BOB：我们最早用的都是电话机。有线电话在台风天气都是能幸存下来时。即使附近停电，你的座机说不定也能用。我们在 Ameritech 曾对座机拨号进行了一项内部研究，发现人们拨任何号码的准确率约为 98%。

GAVIN：这个准确度相当高了。但是如果拨 7 位或者现在的 10 位号码，错误率将大大提高。算算就知道，手动输入电话号码时，每 10 次就可能出错一、两次。

BOB：就是。即使一项经常练习的任务，也会发生错误。谁能打包票拨一个从纸上抄的号码时从不会出错?

GAVIN：想象一下，语音助手总是在听那个唤醒词。即使准确率很高，也有可能出错。

BOB：人犯错时会说："哦，我乌龙指了。"但人对机器的宽容度很低。如果机器犯了"乌龙指"错误，我们更倾向于说："这东西糟透了！"

要点

由于人们对机器犯错的容忍度如此之低，因此任何支持 AI 的产品要想成功，信任都非常重要。

信任对成功有非常大的影响。想想自动驾驶汽车带来的挑战。2017 年，美国发生了超过 640 万起车祸，人类司机每五秒钟就发生一起。斯坦福大学的研究表明，90%

的机动车事故都是由人为错误造成的[1]。自动驾驶的潜在好处是什么？加州有 55 家公司获得了进行自动驾驶试验的许可。从 2014 年到 2018 年，这些自动驾驶汽车总共发生了 54 起事故，根据 Axios 的一份报告，除了其中一次事故，其他所有事故都是由于人类驾驶员的错误造成的，而不是因为 AI。[2]

但问题是人类对自动驾驶汽车存在信任问题。AAA 的一项研究表明，73% 的受访者对该技术的安全性缺乏信任[3]。然而，用户体验对于用户的接受程度仍然具有关键影响。AAA 汽车工程与行业关系总监格雷格·布兰诺（Greg Brannon）表示："有机会与半自动或全自动汽车技术互动，将有助于为消费者揭开一些谜团，并为获得更广泛的接受打开大门。" AAA 的研究进一步强调："体验似乎在驾驶员对自动驾驶汽车技术的感受方面发挥关键作用。如果平时用过高级驾驶员辅助系统 (ADAS) 组件（如车道保持、

---

1 Smith, B. (2013). "Human error as a cause of vehicle crashes." The Center for Internet and Society, Stanford University. Traffic Safety Facts Annual Report Tables. National Highway Traffic and Safety Administration. http://cyberlaw.stanford.edu/blog/2013/12/human-error-cause-vehiclecrashes.（发布日期 2013 年 12 月 18 日，访问日期 2020 年 5 月 19 日）

2 Kokalitcheva. K (2018). "People cause most California autonomous vehicle accidents." Axios. August 29, 2018. www.axios.com/california-people-cause-most-autonomous-vehicle-accidents-dc962265-c9bb-4b00-ae97-50427f6bc936.html.（发布日期 2018 年 8 月 29 日，访问日期 2020 年 5 月 19 日）

3 Mohn, T. (2019). "Most Americans Still Afraid To Ride In Self-Driving Cars" *Forbes*. www.forbes.com/sites/tanyamohn/2019/03/28/most-americans-still-afraid-to-ride-in-self-drivingcars/#5803114632da.（发布日期 2019 年 3 月 28 日，访问日期 2020 年 3 月 19 日）

自适应巡航、自动紧急制动和自动泊车），这些被认为是自动驾驶汽车的基础，那么会显著提高消费者的舒适度。”

要点

体验和信任很重要。积极体验支持AI的驾驶功能，将提升对更先进AI技术的信任。

怪异

随着支持AI的产品激增，系统可以使用更多信息进行分析。当AI拿你的数据分析时，应该如何进行而不至于使它显得怪异？

所谓怪异，是指可能使人与AI交互不舒服、尴尬或不寻常的情况。

当AI变得怪异时……

GAVIN：想象一下你每天开车上下班。可以收集到许多关于你的驾驶习惯的数据，从你在收音机上收听的内容，到车速，再到所选择的路线，所有时间和日期都做了记录。汽车甚至知道你是否系好安全带。

BOB：根据使用的钥匙扣，它也许还能区分不同的驾驶员。所有这些数据都是在你开车上班时在后台被动收集的。

GAVIN：现在，假定AI系统能识别你的行为模式。从逻辑上讲，AI可以利用这些知识来积极主动地节省你的时间和精力。例如，假设你的正常上班路线出现严重交通堵塞，它可以通知驾驶员甚至推荐替代路线。

BOB：我预期这种基于AI的建议具有很高的价值，它不断地考虑我和我的通勤方式。这对用户来说将是一种平滑的体验。

GAVIN：但是，它能从我的模式中推荐许多东西。或许我每隔一天下班后去健身房。它可以询问我是否需要去健身房的路线。但是，哪些该推荐，哪些不该，界线在哪？比如说，如果我想去一些不想让AI推荐的地方呢？AI的推荐可能会让我不舒服。需要有一个“怪异量表”（weirdness scale）将恰当和有用的推荐和怪异的推荐区分开。

要点

AI可以根据个人的行为模式和习惯提供建议，但可接受和不可接受的界线在哪里？这是为什么需要将AI和UX联系起来的一个很好的例子。

怪异量表

创建从不恰当到恰当动作的连续体，这一概念与精确性无关，而是应该以用户为中心来思考哪些AI能做，哪些不能做。这个“怪异量表”帮助产品团队反思AI建议的恰当性。对于AI系统来说，基于用户行为来建立的模式，无论是显式的（例如，驾驶员输入确切地址以获取路线）还是被动的（例如，车子在回家前开进一个购物场所并停放了 45 分钟），都是目标丰富的机会。具体是否应该触发一个动作，可通过 UX 透镜来塑造和指导。

定义

识别出一个模式并且你的 AI 产品准备好提供推荐时，该事件可以称为触发器。随后的操作可基于用户的需求来塑造。

任何支持 AI 的产品在设计阶段都应该建立这种“怪异量表”的概念。它帮助团队识别哪些触发器应采取行动，哪些则不应。它使产品团队意识到要考虑的边界在哪里。甚至可以通过与用户交互来改善 AI 引擎。例如，当用户针对一个推荐明确按下或者说“不要”的时候，应记住用户的选择。团队可以集思广益并预测可能的触发器，从而搞清楚量表的广度并定义应识别的“护栏”。

由于许多人都存在对“老大哥”的担忧，怕 AI 系统总是在观看或偷听（即使几乎没有证据表明语音助手真的在“一直偷听”[1]），所以团队在设计支持 AI 的产品时要注意改善信任度以及后续的接纳和使用。这关乎的不是 AI 能预测什么，而是从 AI-UX 的角度设计产品时要担负的责任。

---

1 Levy, Nat. (2020). “Three Apple workers hurt walking into glass walls in the first month at $5bn HQ.” Geekwire. www.geekwire.com/2020/alexa-always-listening-new-study-examines-accidental-triggersdigital-assistants/.（发布日期 2020 年 2 月 24 日，访问日期 2020 年 5 月 20 日）

要点

AI 可以根据你的习惯提供建议，但可接受和不可接受的界线在哪里？这是为什么需要将 AI 和 UX 联系起来的一个很好的例子，而且具体由产品设计团队来决定。

美学 / 情感

作为人类，我们更喜欢使用美观的东西[1]。想象两个具有相同功能和相同控件（即相同的实用性和相同的可用性）的网站，但一个比另一个好看。大多数人都更喜欢好看的那个。有证据表明，在此确切的条件下，用户会认为更好看的网站更有用（可用性更好），即使两者具有完全一样的功能和控件。这就是所谓的美学可用性效应。使用产品时的情感对我们对它的看法有着重大影响。

定义

美学可用性效应（aesthetic usability effect）描述用户如何将更有用的设计归因于产品在视觉上更令人赏心悦目。

显然，针对产品或应用程序的外观和感觉进行高标准设计非常重要。当公司认为他们需要做的就是提供漂亮的产品而忽略实用性和可用性维度时，问题就来了。好看或许是个卖点，但用户会记住并惩罚市场上那些中看不中用

1 事实上，诺曼针对该主题写过一本书，中文版《情感化设计》。

的产品，特别是在他们重新做出购买决定的时候。

给猪涂口红

GAVIN：当我去参加消费电子展的时候，那里展示了数以万计的产品，我总是很好奇公司如何试图用闪亮的新技术来引起你的注意。

BOB：令我好奇的是他们纷纷将产品拟人化。这些 AI 应用真的需要用人脸来渲染吗？我认为，设计师是想唤起用户的情感。和有一双大眼睛和一个会说话的嘴巴的塑料物体互动，可能没有会说话的球体那么吓人。

GAVIN：试图通过美观、拟人化的一个会说话的大脑袋来发掘情感因素并没有错。

BOB：但要认识到有一个 UX 层次结构在起作用。基础要打牢。要考虑应用程序的可用性。它是否按预期执行？是否觉得有用？这些是必须正确完成的事情，光凭外表可走不远。

GAVIN：体验一定要好。否则只是在装扮又一个平庸的产品。要知道，“美观可用性效应”并不能使一个产品迅速走红，成为爆款。

要点

先专注于打好基础，再进行视觉上的提升使产品脱颖而出并与其他产品有所区分。

用户体验和与品牌的关系

这里适合插入我们经常思考的一个问题：品牌及其与UX的关系。

品牌认知和用户体验之间存在一种联系。有时，“品牌”掩盖了用户体验中的许多罪恶[1]；有时，糟糕的用户体验会损害品牌的价值。我们见过品牌对于体验的影响。我们也见过一些令人惊叹的产品由于没有品牌价值而被迫打折，来自受人尊敬的品牌的平庸产品却受到称赞。或许不用多说，但最有用和最好用的东西并非总能胜出。如果品牌营销人员强推一些产品最终无法实现的东西，市场会做出反应。当承诺超过现实时，信任就会受到损害。

随着我们越来越多地将产品中的AI商业化，品牌问题会浮出水面。仅仅说一样东西具有“强大的AI引擎”并不能保证好卖。它需要更多；它需要UX。

UX交付品牌承诺

BOB：无论我们喜欢与否，UX都和营销分不开。我们从营销和品牌推广中学到的一件事是：卖滋滋声很容易，但也必须交付牛排。

GAVIN：这就是为什么获得正确的用户体验如此重要的原

---

1 想想苹果这个品牌有多么强大。再想想它的可用性有多差。这方面已经有许多论述，例如苹果最憎恨的应用程序iTunes的兴衰。www.theverge.com/2019/6/3/18650571/apple-itunes-rip-discontinued-macos-10-15-ipod-store-digital-music-wwdc-2019. Porter, Jon.（发布日期2019年6月3日，检索日期2020年5月21日）

因。品牌营销可以告诉我们某件事有多容易，或者产品将如何改变我们的生活，但除非实际体验到，否则一切只是空谈。

BOB：对。UX 是对品牌承诺的一种交付。如果用户没有体验到品牌营销人员向他们推销的东西，这种错位会损害品牌的信誉。

GAVIN：AI 存在同样的问题。炒作太多，但在以一种有意义的方式改变生活之前，它只是没有牛排的滋滋声。

要点

设计产品不仅仅要关注产品本身。失败的例子太多。打造更好的产品体验，让 AI 展示它能做什么。

UCD 的原则

以用户为中心的设计 (UCD) 的关键原则是将产品设计和开发的重点放在用户和用户的需求上。工程和产品发布肯定涉及业务和技术方面。 UCD 方法并不会忽视或打折业务需求或技术要求。然而，UCD 过程直接着眼于用户，因为它在业务和技术层面对时间表、规范和预算进行了权衡。UCD 的重点是确保用户不会被轻易抛到一边。

下面讨论关键组件：用户、环境和任务。

用户

不能低估了解用户的目标、能力、知识、技能、行为、态度等的重要性。可能存在多个用户组。对每个组的描述都应记录下来。有时，我们将这些描述称为“画像”（persona）。

有的设计师和开发人员假定他们了解用户，或者假设他们就像用户一样。但这是一个陷阱。许多设计之所以失败，就是因为对用户的描述不具体、不存在或者干脆就是错误的。

> **要点**
> 要准确定义目标用户，不仅仅是给出市场描述或细分市场。构建一个能描述用户知识、目标、能力和局限的画像，并将用户场景包括进来，以定义要构建的体验和一些应避免的“坑”。

环境

用户与产品交互的地点和条件是什么？环境包括地点、时间、环境声音、温度等。例如，某些环境（即上下文）对于某些操作模式（免提）比其他模式更好。跑步机上使用的应用与银行应用具有不同的设计特点。这意味着用户体验远远不止是用户在屏幕上看到的内容。UX 是整个环境，是加入了使用上下文的整体。例如，如一个应用在用户注册时要求用手机进行双重身份验证，就必须考虑到用户可能没有手机或暂时无法使用手机的情况。整个过程都是 UX 的一部分。用户购买的新手机的操作指南也是 UX 的一部分。这些事情在用户头脑中并不是断开的，但它们经常要由产品团队的不同小组来处理。

要点

要针对使用环境开发用例，从而确定进一步的用户需求。在此过程中，还能确定应该在什么时候利用被动和显式收集的用户数据来触发额外的操作。

环境的重要性

GAVIN：2017 年，法国官方铁路公司 SNCF 想要构建一个 AI 聊天机器人票务应用[1]。设计团队捕捉到了旅客与售票员之间的对话。他们训练 AI 的语法系统来建模观察到的体验。

BOB：但将聊天机器人的原型拿到用户中测试时，它失败了。客户知道自己面对的是一个机器人时，他们会这样开始：“嗨！我想买票。”用户想要客客气气地，以友好和自然的方式与聊天机器人互动。

GAVIN：但是，聊天机器人本来预期的是：“买一张今天上午 10:00 从巴黎到里昂的票。”就像他们在售票窗

1 Lannoo, Pascal & Gaillard, Frederic (2017). “Explore the future: when business conversations meet chatbots.” 13th UX Masterclass.（发布日期 2017 年 4 月 22 日，地点中国上海）

口观察到的那样。

BOB：是的，观察售票窗口的交易时，从未遇到过如此友好和自然的体验！

GAVIN：这就是巴黎，对吧？后面可能有一长串客人都在焦急地等待。这时一个人走上前说："嗨！我想买一张从巴黎到里昂或者诺曼底的机票……请问都有哪些时间呢？"排队的人显然会很不耐烦。下一个人会直接走上来，尽可能准确和高效地说出自己的购票要求！

BOB：就是！使用环境变了。聊天机器人在不忙的时候可以用用，不要有一队巴黎游客的压力！

要点

使用环境会显著改变用户交互。幸好，测试时就发现了问题，团队可以重新训练聊天机器人。

任务

任务关乎的是人们为实现目标而做的事情，其中涉及分解步骤供用户采取。例如，使用一个移动应用来存入支票涉及登录、导航到正确位置、输入金额、拍照等等。任务可以表示为任务分析或旅程地图（journey map，前提是细节足够多）。我们基于对任务的完整说明来构建应用程序的需求。

要点

用例在产品开发过程中得到了很好的定义。在 AI 的帮助下，系统有能力学习和识别新的机会。支持 AI 的产品设计现在有源自 AI、并非由产品团队定义的用例。任务现在有一个额外的、需要管理的 AI 维度。

虽然这些都是很基本的内容，但令我们惊讶的是，很少有组织花时间描述用户、环境和任务。要通过用户研究来获得这些细节[1]，并且必须记录在设计和开发团队的规范中。UCD 的三个关键元素构成了知识的基础，但过程是交付成功的产品或应用程序，让 AI 展示其能力的关键。

UCD 的过程

存在多种风格，图 5.1 展示的只是该过程如何工作的一个基础。从顶部开始顺时针方向，初期阶段的用户研究会定义用户，细化其需求，确定使用上下文（即环境），并记录需求中的任务。此时就已准备好开始设计了。通常技术团队的倾向是开始编程。在 UCD 中则要抵制这种冲动。弗雷德・布鲁克斯（Fred Brooks）在《人月神话》中支持了这一点[2]，他如此描述："说到系统架构，我指的是完整和详细的用户界面规范。"

1 有时，组织依靠市场研究来进行此类分析。市场研究和洞察力可能会有所帮助，但它们不能在系统规范所要求的级别上替代对用户和用户需求的理解。

2 Brooks, F. P., Brooks, F. P. (1975). *The Mythical Man-Month: Essays on Software Engineering*. United Kingdom: Addison-Wesley. 中译本《人月神话》

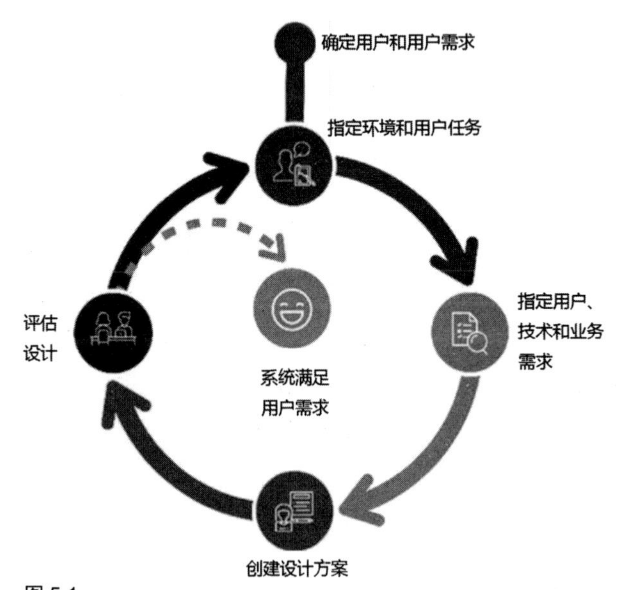

图 5.1
典型的 UCD 过程确保将用户及其需求融入过程，然后在设计和评估过程中循环

接着开始研究和构建用户界面[1]。设计应该从粗略的草图开始定义，以免过于拘泥于早期的想法[2]。在确定一个想法之前，要做好放弃十几个想法的准备。绘制线框并标出交互，它们有意义吗？是否让用户更接近其目标？

---

1 这里不是说业务需求或技术需求是次要的；用户需求、业务需求和技术能力之间总是存在一个平衡。我们坚信业务和技术团队应该是 UCD 过程的一部分。

2 虽然我们介绍了 UCD 和用户界面设计的许多概念，以展示它们如何对 AI 有益，但我们并不打算写成一本 UCD 的书。有数以百计的书籍、文章和资源可供大家入门。

设计开始后，使用纸质原型进行可用性测试。与执行典型任务的代表性用户一起不断完善。然后开发数字原型来测试动态交互，使设计更接近于最终的外观和感觉。有无数的书籍和网站介绍了 UI 设计、进行可用性测试和迭代原型设计的方法，这里不再赘述。可以说，可用性测试是用户界面完善过程的最重要的一个组成部分。

如图 5.1 所示，这是一个迭代过程，是对满足用户需求的一个系统的逐次逼近。对设计进行评估后，根据用户反馈，可能需要调整需求、决定分解任务的不同方法或者更改界面控件。许多都可能发生改变。

一个关键是，我们只在最后才主张应用图形和视觉处理。大多数人认为的设计其实是图形（视觉）处理，只有在原型设计中确了定交互模型之后才会进行。颜色、形状、大小等等都要支持底层设计。在建筑中，你不能在墙立起来之前粉刷房子。在应用程序开发中，不应该首先创建漂亮的图表。设计始于研究领域，而不是先从 Photoshop 开始。

设计之初的最佳实践是清楚描述与用户需求相关的成功是什么样子。例如，可以设定一个目标，即 95% 的用户在 2 分钟内完成注册页面而不出错。这些就关键任务制定的目标使开发团队可以衡量实现进度。更重要的是，在可用性测试期间成功实现这些目标，就可以脱离循环并推进到技术开发阶段。

UCD 模型的真正好处是，通过可用性测试中记录的渐进式改进，相较于没有用户反馈或者只有少量反馈，组织对最终交付的成功变得更有信心。做得好的话，应用 UCD 模型会使应用程序变得有用、可用、可学习、可原谅和令人愉快。

UCD 和内容无关，它可以而且应该应用于 AI 应用程序。

AI-UX 交互速查表

微软和华盛顿大学在探索人与 AI 交互的关系方面做了一些非常好的工作[1]。研究团队对指导原则进行了全盘审查，并都通过实验进行了核实。如表 5.1 所示，这些指导原则主要是为了改善 AI 界面的实用性和可用性。

表 5.1 微软和华盛顿大学的 AI-UX 交互指导原则

#	指导原则	说明
1	清楚系统能做什么	帮助用户理解 AI 系统能做的事情
2	清楚系统能做到多好	帮助用户理解 AI 系统犯错的频率
3	基于上下文来计划服务时机	基于用户当前任务和环境，确定在什么时候行动或中断
4	显示切合上下文的信息	显示切合用户当前任务和环境的信息
5	符合相关社会规范	基于用户的社会和文化背景，确保体验以用户期望的方式交付
6	减少社会偏见	确保 AI 系统的语言和行为不会强化不良、不公平的刻板印象和偏见

1 Saleema Amershi, Dan Weld, Mihaela Vorvoreanu, Adam Fourney, Besmira Nushi, Penny Collisson, Jina Suh, Shamsi Iqbal, Paul N Bennett, Kori Inkpen, et al. 2019. Guidelines for Human-AI Interaction. In Proceedings of the 2019 CHI Conference on Human Factors in Computing Systems. ACM, 3.

#	指导原则	说明
7	提高调用效率	在需要时能轻松调用或请求AI系统的服务
8	提高解除效率	能轻松关闭或忽略不需要的AI系统服务
9	提高纠错效率	AI系统出错时，能轻松编辑、改进或恢复
10	有疑虑时，审查服务	如用户的目标，要么消除歧义，要么得体地降级AI系统的服务
11	清楚系统做一件事情的缘由	使用户能看到AI系统为何如此表现的一个解释
12	记忆最近的互动	保留一个短期记忆，允许用户方便地引用记忆的操作
13	从用户行为中学习	不断学习用户的操作来个性化用户体验
14	谨慎更新和适配	更新和适配AI系统行为时，要避免破坏性的变化
15	鼓励细致的反馈	允许用户提供反馈来说明他们与AI系统进行常规交互时的偏好
16	传达用户行动的后果	立即更新或传达用户的行动将如何影响AI系统未来的行为
17	提供全局控制	允许用户全局自定义AI系统监控的内容及其行为方式
18	相关的更改要通知用户	AI系统添加或更新其功能时要通知用户

要点

设计产品的AI和用户交互时，考虑制定和应用像表5.1那样的一套指导原则。它涵盖了涉及UX的一系列很广泛的主题。

AI 的 UX 处方

到目前为止，我们已研究了 AI 过去存在的一些问题。还调查了未来为什么可能出现类似的问题，以及为什么 UX 为这些问题提供了有效的解决方案。下面说说如何使用 UX 来避免 AI 的一些陷阱？

答案在于推进一个将 UX 敏感性纳入 AI 的框架。

下面举例说明。假定我们想在桌面应用程序（例如医生使用的电子健康记录，或者 EHR）中构建一个智能聊天机器人，以提供基于上下文的帮助或临床支持。第一步是了解这是不是用户真正的需求？如果是，我们对这些用户了解多少？

理解用户、环境和任务

首先要理解用户。为此，要对用户进行访谈以理解他们当前使用 HER 的方式，从而明确用户和 EHR 交互时的心理模型。还可通过此过程确定工作流程，从而准备将 AI 无疑地集成到日常任务中。此外，通过研究还能发现 HER 目前存在的困难，在哪些方面效率低下，这些都有可能是 AI 能发挥作用的地方。

下面列举一些示例研究领域。

- 本周早些时候，你在工作中做了哪些事情？理想情况下。
    - 紧密观察用户的实际活动；观察用户执行的任务并捕获工作流程，将重点放在不同的信息来源和人工操作上。
    - 观察用户如何导航并与系统交互。
    - 注意都使用了什么类型的帮助。
- 用户都有哪些？是否都需要 / 想要为同样的事情获取帮助？是以同样的方式吗？

为避免因用户基数小而发生错判，我们可能要通过定性访谈和观察来展开调查，从而更深入地了解 EHR 聊天机器人如何最好地为用户提供支持。该调查将收集有关用户特征的数据、在 EHR 中需要帮助的地方、在什么情况下帮助可能会受到欢迎等等。通常，我们会获取有关用户的定性数据，并使用多元统计方法识别具有相似特征的组。这些组别构成了人物画像的基础。接着，与这些组别的人展开进一步、更详细的访谈，使人物画像更丰满。在所有这些过程中，我们的重点是了解用户的知识、技能、专业知识和行为，以了解如何最好地开发应用程序来为他们服务。

注意，完成这些访谈后，可能发现提议的聊天机器人结构并不是一个好的解决方案，用户可以通过其他方式获得更好的帮助。

接下来，我们继续了解使用上下文（即环境）。EHR

在检查室、医院、接待处、家里和其他许多地方都要用到。只有了解了用户在各个地方所做的事情，才能明确聊天机器人应提供哪种上下文相关的帮助。如聊天机器人在所有环境中为所有用户提供的是相同类型的帮助，那么用处可能没那么大。可在获取用户信息的同时获取环境信息。最好在上述调查问卷中加入一些问题来先感受一下环境，再在实际使用环境中观察用户。观察用户在具体的上下文中如何使用应用程序以及所有支持材料和过程，这对需求的记录至关重要。

最后，在收集有关用户及其环境的信息时，可以收集人们执行特定任务的数据。知道了每个组别在使用 EHR 时的目标，并了解了相应的环境，就可以开始确定过程中的各个步骤来支持他们。

所有这一切的基础在于，AI 模型通过大致数千个用例明确了交互序列（例如看什么屏幕）、用户输入、错误消息等等。AI 模型从中推断用户在哪些地方可能需要智能机器人的支持。虽然这些推断在方向上可能是正确的，但想要完善的话，只能通过从用户那里收集到的知识。这些模型可能需要对输入和输出进行众包来予以完善（下一节详述）。

AI 场景下的 UCD 应用过程

有了用户、环境和任务的背景后，就可以开始初步设计了。该设计应该从交互模型、控件和对象开始，但只是在一个粗略的层面上。记住，我们的目的是通过监控用户的行为来帮助用户，并在发现问题时提供建议 / 支持。设计重点在于确定在什么时候触发聊天机器人，在什么时候中断并提供重要信息，或者在什么时候做出决定。设置好护栏，定义聊天机器人的交互时机和方式。

这非常棘手，也存在一定的风险，因为在 EHR 这样的应用程序中，在执行关键任务时分散人的注意力可能导致用户忘记输入关键信息

设计团队要遍历一系列概念，这些可能是纸上的概念，或者是一系列粗糙的数字原型（例如使用 PowerPoint）。迭代设计、测试、修改、测试周期都在此期间发生。设计就是通过代表性的用户执行代表性的任务来完成可用性测试。要让用户有机会体验聊天机器人的界面如何响应动作，从而不断完善其行为。

要注意的一个重点是，到目前为止，我们一直在假设算法是健全的，底层 AI 也是合理的。用户测试过程中，不仅要测试聊天机器人的交互体验，还要测试基于 AI 的内容。重点在于，一旦设计周期开始，用户体验的所有方面都要上场。用户测试刚开始的时候代价很低，速度也很快，但往往要以更大规模、更正式的用户测试结束。

可怜的大眼夹，别为它伤心，它才不可怜呢！

GAVIN：微软于 20 世纪 90 年代中期推出了 Clippy（大眼夹），试图让 Office 的使用体验更友好。它有一个基于规则的引擎，可以检测你是否需要帮助并介入。

BOB：是的，但结果是我的工作会完全停下来，不得不去回应它。大多数人很快就烦了。有趣的是，它现在成了一个传奇，好多人居然开始怀念它！

GAVIN：虽然体验很差，但它还存在其他问题。微软其实忽略了他们自己的研究，许多女性认为 Clippy 是男生，太男性化了。不仅如此，还是一个让人感觉怪怪的男生[1]。但问题在于，男性没有这种感觉，但女性有。

BOB：Clippy 是一个有问题的拟人化代理。它根本无法提供想要的那种支持，也无法与用户建立那种融洽的关系。他最近几年在 Microsoft Teams 中重新亮相，但很快又被抛弃了！[2]

GAVIN：是的，Clippy 已成为如何不惹恼用户的典范。太多糟糕的决定！

---

1 "Clippy might never have existed if Microsoft had listened to women." Perkins, Chris. https://mashable.com/2015/06/25/clippy-male-design/.（发布日期 2015 年 6 月 25 日，检索日期 2020 年 3 月 15 日）

2 "Microsoft resurrects Clippy and then brutally kills him off again." Warren, Tom. March 22, 2019. www.theverge.com/2019/3/22/18276923/microsoft-clippy-microsoftteams-stickers-removal.（发布日期 2019 年 3 月 22 日，检索日期 2020 年 3 月 15 日）

要点

用户研究能识别潜在的问题并据此进行方向修正以解决问题。

进行这样的开发时，成功的衡量标准可能有点难以获得。显然，用户对实用性和可用性的衡量在名单中名列前茅。今天许多应用程序都证明了这一点，进行许多交互之后，会问用户给服务质量打多少星。还可以采取其他许多客观评价。如果是用户助理，可以衡量在聊天机器人介入后，成功操作的数量是增加了还是减少了。建立这些衡量措施很重要，这样才可以知道我们是否得到了一个成功的设计，是否可以开始进行具体的编程。

UX 还能提供什么？更好的数据集

我们花了很多时间讨论 UX 和 UCD 过程对 AI 的好处，但 UX 还可能通过其他方式使 AI 受益。

用户体验来自心理学的各个学科。心理学和用户体验为 AI 带来的一个好处在于，现在可以收集更好的数据。

为 AI 提供更好的数据集

如第 4 章所述，AI 最大的困难之一是获取正确的数据。许多 UX 研究人员都接受过关于收集和衡量人类表现数据的研究方法的培训。UX 研究人员可协助 AI 研究人员收集、解释和使用要纳入 AI 算法的人类行为数据集。

这是通过什么过程来完成的？

确定目标

第一项任务是了解 AI 研究人员真正需要什么。目标是什么？什么是好的样本案例？不同情况下有多少变化是能够接受的？什么是核心案例，什么是边缘案例？例如，如果想要获得 10000 张微笑的人的照片，是否有一个客观的微笑定义？苦笑有用吗？要露牙，还是不用露牙？要什么年龄段的？性别？种族？要胡子，还是刮干净？不同的发型？等等。案例无论进出都是 AI 研究人员需要明确定义并让各方达成一致。

收集数据

接下来，为数据收集做必要的规划。UX 研究人员的优势之一是能够构建和执行涉及人类受试者的大规模研究项目。如何面对面、高效、有效地收集海量行为数据，并不是许多 AI 研究人员的核心专长。相比之下，用户研究的大部分实践都涉及如何设置获得无偏见数据所需的条件。能够招募样本、获得设施、获得知情同意、指导参与者以及收集、存储和传输数据至关重要。此外，UX 研究人员还可以收集所有必要的元数据并将该数据附加到示例中以获得额外支持。UX 研究人员擅长对数据进行排序、收集和分类，本来就要求他们掌握定性编码，而且会使用支持这些分析的多种工具。

进行更多数据标注

初步收集数据后，可能需要组织和执行一个众包计划（例如亚马逊的 Mechanical Turk[12]），以进一步扩充目前收集的数据。例如，如果要收集人们在嘈杂的咖啡店中点无咖啡因、脱脂、特热、triple-shot 拿铁时的语音样本，则每个样本都可能有几个感兴趣的属性。在这种情况下，我们可能聘请多名研究人员或编码人员来审查每个样本、转录样本并评估其清晰度和完整性。然后，这些编码人员必须解决任何观察到的差异，以确保编码的清洁。

1　Crowdworkers（众包工人）或 Turkers（特克族）可以完成机器（目前）还不能完成的工作。对 MTurk（机械特克）案例的审查表明，特克族覆盖了广泛的工作范围，可以有效地为机器学习数据集提供支持。全球目前可能有多达 50 万名这样的特克族。AI 需要人类。

2　译者注：计算机视觉领域的经典数据集 ImageNet 由李飞飞主导，早期的时候，ImageNet 需要人来手动查找、标记图像并添加到数据集中。通过亚马逊众包平台 Mechanical Turk，来自 167 个国家或地区的 49 000 人次在两年半的时间内完成了这个项目。国内互联网企业都有自建和组织众包标注师，比如百度众包、京东众智，此外也有龙猫、云测、数据堂、爱数智慧、海天瑞声、莫比嗨客、格物钛（Graviti）等第三方服务商。2020 年 4 月，人工智能训练师作为一个新的职业纳入国家职业分类目录。阿里巴巴的业务生态内，人工智能训练师超过 20 万人，预计到 2022 年，国内外相关从业人员有望达到 500 万。

在现实世界收集数据

BOB：我们最近做了一项研究，具体就是让代表性用户以他们平常和同事说话的方式将语音命令输入一个移动设备。

GAVIN：是的，我们通过在线调查对一千多人进行了抽样，给他们提供了场景，他们必须用语音命令回应。他们向手机说出命令。我们要处理各式各样的口音，所以语音识别是一个挑战。

BOB：对，还有很多环境噪声。然后必须将说的话转换为文本。有很多非常好的内容和语音捕捉，但也有一些胡言乱语。但是，这就是现实。

GAVIN：最终，数十名编码人员听取了录音并检查了语音到文本的转换，并据此调整 AI 算法。这是一项艰巨的工作，但为了确保 AI 引擎能够在未来正确运行，这些都是必须的。

> **要点**
>
> 支持 AI 的应用通常需要许多人才能搞定输入。

精心构建和执行的研究过程有助于避免用于训练 AI 算法的现有数据库可能存在的局限。使用定制数据集可以避免使用不确定、无用或不正确的数据，这些数据的局限性可能不会立即显现。UX 研究人员可以很好地帮助 ML 科学家收集干净的数据集以进行 AI 算法的训练和测试。

类似，越来越多的人反对 AI，一个原因是它接受了有偏见的数据的训练。我们之前已经谈到了这一点。通过控制从中收集数据的样本，数据集可以避免这种偏差。我们曾经为一家想要收集人类日常活动视频的公司做过一项大规模研究 (n=5000)。他们的关键标准之一是获得具有代表性的人口样本，按年龄、性别、种族等，使他们的面部识别算法能根据更好的数据进行训练并产生更准确的输出。

我们将何去何从？

我们从“霍比特人的故事”开始本书，暗示 AI 和 UX 已走过了相当长的一段旅程。一个充满了炒作和冬天的时期。AI 的前景非常广阔。在不久的将来，我们将见证 AI 融入几乎所有行业，带来更好的健康，从平凡或危险的工作中解放出来，并取得超乎我们想象的进步。但我们相信，如果更多地关注用户体验，专门改进上下文、交互和信任的 AI-UX 原则，成功将更加可期，并避免可能的失败。我们认为，支持 AI 的产品并非一定只关注技术。作为解决方案，我们建议采用一个 UCD 过程，将人放到（AI 进步的受益者）置于核心位置。

最后，我们想以一个额外的建议作为结尾，构建用途明确的 AI 产品，理解为什么为 AI 赋予的用途能推动设计以取得更大成功。

找个理由

GAVIN：你知道，我是在加州大学旧金山分校从研究脑电波开始我的研究生涯。我将电极放到人的脑袋上，并在参加者听到“砰”的一声或“哔”声，或者在他们抬起食指时记录来自大脑的电脉冲。

BOB：你是一个做基础研究的实验室技术员！

GAVIN：对的。那是1991年，在一次研究会议上，参加者完事了，他离开时握着我的手说：“我真的希望这项研究能找到治愈方法。”我笑着说：“我也希望如此。”他离开后，我却崩溃了。

参加者的结果是HIV阳性，当时的逆转录病毒治疗仍处于试验阶段。我觉得10年后，这个21岁、眼睛明亮、精力充沛的人可能会全面恶化，很可能还没有等到找到治愈方法就去世了。

BOB：你做的是基础研究。比较他的脑电波活动，看在听到“哔”声时，症状是否类似于阿尔茨海默症患者或酗酒者……

GAVIN：或者在抬起食指的时候……

BOB：整整30年了，我们仍然没有找到可以治愈这三种疾病中任何一种的方法。

GAVIN：那可以说是我失去目标的一天。我一头扎进了UX研究领域，希望这方面的研究能对我产生更直接的影响。

时间快进到10年之后。我和一位患者研究自动注射装置的原型。我记得病人需要暂停并站起来，因为她的疾病使她的关节融合得很糟糕。结束时，她没有像艾滋病患者那样握我的手。她给了我一个拥抱。

BOB：我之前从来没在这种研究会议上得到过拥抱！

GAVIN：我也是！我很惊讶。她看着我说："你不明白，是吗？"我摇摇头。她继续说："看看我的手，看看我拿东西有多难。目前，我必须重新配制这种药物。过程太复杂了，我不得不在我的厨房桌子上做这一切。必须让一种药物和另一种药物精确混合。等待然后注射。同样，我的手几乎不能用，但这种疗法暂缓了恶化，对我来说是就是一种神药。"

我说："目的是了解它对你的作用。我们想知道如何使体验符合你的期望，这样，你就能获得一个安全有效的剂量。"

她回答说："这么说来，我一开始就能正确使用这个新设备了吗？我可以走进浴室，一分钟内完成？"

我说："是的。"

她摇摇头说："你还是不明白。你看，我目前的流程太复杂了，我在厨房的桌子上做，而且要花很长时间。好吧，我 5 岁的女儿就坐在那里，看着她的母亲在挣扎着服用她的灵丹妙药。现在，有了这个设备，我可以在浴室里小心翼翼地服药。

"你不仅能使我这样的人可以安全有效地服药，"她说："你改变的是一个女儿看待她妈妈的方式！我女儿再也不必眼睁睁地看着她的妈妈挣扎着吃药和活下去。”

BOB：哇哦！当产品做得好并受到赞赏时，原因可能比想象的要广泛。设备对这名患者有强大的用途。

GAVIN：就这样，我发现了我的目标。企业也需要找到产品的用途，并据此推动得出更好的设计。

要点

要深入了解产品用法对于用户体验的影响。哪些人会受到影响？找出那些能使用户加倍受益的使用场景。可以在那里找到产品的用途。只有这样，才能推动产品团队设计出打动人心的体验，而不至于沦为以技术为噱头的炒作的牺牲品。

我们希望更多的人可以理解，人和 AI 的共生关系可以被设计到产品中。我们希望 AI 不再是一个黑盒，它的优势和劣势可以变得更加透明。UX 能为此提供帮助。AI 开发工作应直接涉及用户和用户的目标，了解环境并考虑任务。我们相信，以用户为中心的 AI 产品将比那些不以用户为中心的产品更成功。

记住：如果 AI 对人起不到什么作用，就说明它没用。